职业院校"十五五"规划中餐烹饪专业新形态一体化系列教材
全国餐饮职业教育教学指导委员会重点课题"'智能烹饪基础'课程标准与教材开发研究"成果教材

总主编 杨铭铎

# 智能烹饪基础

策划指导◎杨铭铎

主　　编◎常福曾

副 主 编◎李贵华　张　璇　马庆槐

编　　者（按姓氏笔画排序）

　　　　　马庆槐　王　峰　王丹丹　田发霞　李贵华　杨文凯

　　　　　余正权　张　璇　陈锡保　武小军　凌志远　常福曾

秘　　书◎汪飒婷　叶　春

华中科技大学出版社
http://press.hust.edu.cn
中国·武汉

## 内 容 简 介

本教材为全国餐饮职业教育教学指导委员会重点课题"'智能烹饪基础'课程标准与教材开发研究"成果教材、职业院校"十五五"规划中餐烹饪专业新形态一体化系列教材。

本教材分为十个项目,共三十一个任务,内容包括导论、探寻智能烹饪、认知人工智能与烹饪应用、原料的智能识别与挑选、鲜活原料的智能化初加工、原料的分解与切割、糊浆拍粉工艺的智能化加工、基于智能烹饪的原料热处理、基于智能烹饪的菜谱设计和烹饪智能展望。

本教材可供烹饪专业学生和对智能烹饪感兴趣的人员使用。

**图书在版编目(CIP)数据**

智能烹饪基础 / 常福曾主编. -- 武汉:华中科技大学出版社,2025.7. -- ISBN 978-7-5772-2004-8

Ⅰ. TS972.11-39

中国国家版本馆 CIP 数据核字第 2025YK8642 号

### 智能烹饪基础
Zhineng Pengren Jichu

常福曾 主编

| | |
|---|---|
| 策划编辑: | 汪飒婷 |
| 责任编辑: | 马梦雪 曾奇峰 |
| 封面设计: | 廖亚萍 |
| 责任校对: | 阮 敏 |
| 责任监印: | 曾 婷 |

出版发行:华中科技大学出版社(中国·武汉)　　电话:(027)81321913
　　　　　武汉市东湖新技术开发区华工科技园　　邮编:430223

录　排:华中科技大学惠友文印中心
印　刷:武汉科源印刷设计有限公司
开　本:889mm×1194mm　1/16
印　张:13
字　数:366千字
版　次:2025年7月第1版第1次印刷
定　价:49.80元

本书若有印装质量问题,请向出版社营销中心调换
全国免费服务热线:400-6679-118　竭诚为您服务
版权所有　侵权必究

## 主编简介

常福曾,国家高层次人才特殊支持计划教学名师,享受国务院政府特殊津贴专家,国家级技能大师工作室领办人,第46、47届世界技能大赛糖艺/西点制作项目中国集训基地(湖北)负责人/国家队教练,荣获黄炎培职业教育奖杰出教师奖,教育部课程思政教学名师,连续两届获得国家级教学成果奖二等奖,全国职业院校技能大赛优秀指导教师,全国职业院校技能大赛教学能力比赛一等奖获得者,湖北省第十一批特级教师,湖北省五一劳动奖章获得者,湖北省非物质文化遗产代表性传承人,湖北省技术能手,湖北省优秀教练,湖北楚菜大师工作室领办人,湖北省职业教育技能名师工作室主持人,湖北省书法家协会会员,荣获"武汉工匠"称号。

# 职业院校"十五五"规划中餐烹饪专业新形态一体化系列教材

## 编审委员会

### 主　任

杨铭铎　　教育部职业教育专家组成员、全国餐饮职业教育教学指导委员会副主任委员、中国烹饪协会特邀副会长

### 副主任

于　越　　青岛烹饪职业学校校长
陈春兰　　广州市旅游商务职业学校副校长
葛惠伟　　四川省商务学校副校长、全国餐饮职业教育教学指导委员会委员
俞桂琴　　江苏省扬州旅游商贸学校校长
艾翠林　　武汉市第一商业学校党委书记
王　劲　　常州旅游商贸高等职业技术学校校长、全国餐饮职业教育教学指导委员会委员
段文清　　广西商业技师学院副院长
邓　谦　　珠海市第一中等职业学校副校长
成　强　　四川省成都市财贸职业高级中学校校长
张雪松　　沈阳市外事服务学校校长
郑利荣　　绍兴市上虞区职业中等专业学校党委书记
华金授　　英德市职业技术学校校长
吴　鹏　　儋州市中等职业技术学校党总支书记
庞瑞斌　　昆明市盘龙职业高级中学校长
余小玉　　大连市烹饪中等职业技术专业学校校长
沈春燕　　上海食品科技学校校长
陈　刚　　广西物资学校校长
张生文　　甘肃省武威市凉州区职业中等专业学校校长
刘进裕　　信宜市职业技术学校党委书记
张关东　　通海县职业高级中学(玉溪烹饪学校)校长、党委书记
王英武　　呼和浩特市商贸旅游职业学校校长
侯再刚　　哈尔滨市第二职业中学校校长
黄文斌　　富顺职业技术学校校长
陈昌明　　江苏省昆山第一中等专业学校校长
张国兰　　开平市吴汉良理工学校校长
刘云超　　威海市职业中等专业学校副校长
高国峰　　攀枝花市经贸旅游学校副校长
张申华　　四川省东坡中等职业技术学校常务副校长
吴越强　　四川省旅游学校副校长、华南师范大学专业学位研究生校外导师
王春红　　聊城高级财经职业学校党委委员、副校长
王永强　　东营市东营区职业中等专业学校副校长
吴伟烈　　广东省粤东技师学院副院长

## 委员（按姓氏笔画排序）

|  |  |
|---|---|
| 马　成 | 大连市旅顺中等职业技术专业学校德育主任、烹饪专业负责人 |
| 马健雄 | 广州市旅游商务职业学校烹饪与健康系主任 |
| 王　东 | 常州旅游商贸高等职业技术学校烹饪学科带头人、全国餐饮职业教育教学指导委员会教学研究专门委员会秘书长 |
| 王成贵 | 长春市商贸旅游技术学校教务科科长 |
| 王爱红 | 江苏省扬州旅游商贸学校烹饪系主任 |
| 左　玺 | 兰州现代职业学院财经商贸学院院长 |
| 朱月华 | 聊城高级财经职业学校餐旅系主任 |
| 朱洪朗 | 广州市旅游商务职业学校教务科副科长 |
| 任　俊 | 江苏省溧阳中等专业学校科研处主任 |
| 向　梅 | 广西水产畜牧学校教务科科长 |
| 刘旭明 | 呼和浩特市商贸旅游职业学校烹饪专业部主任 |
| 刘晓刚 | 威海市职业中等专业学校艺术设计部副主任 |
| 闫学春 | 兰州现代职业学院烹饪教研室主任 |
| 安　宇 | 山西行知技工学校烹饪专业教研室主任 |
| 孙　伟 | 柳州市旅游学校文旅专业部烹饪组组长 |
| 杜官朗 | 江苏省昆山第一中等专业学校经贸管理系主任 |
| 李　波 | 四川省成都市中和职业中学烹饪专业部主任 |
| 李华夏 | 济南市技师学院文化旅游学院院长 |
| 李志强 | 绍兴市上虞区职业中等专业学校烹饪旅游系主任 |
| 李金洲 | 富顺职业技术学校现代服务系主任 |
| 李昭平 | 山西省经贸学校餐饮系主任 |
| 李洪磊 | 东营市东营区职业中等专业学校中餐烹饪系教学主任 |
| 李冠婷 | 深圳市沙井职业高级中学烹饪专业主任 |
| 杨　俊 | 四川省旅游学校餐饮系主任 |
| 何佳源 | 重庆市黔江区民族职业教育中心烹饪专业负责人 |
| 余正权 | 广西水产畜牧学校工商专业科副主任 |
| 张伟强 | 泸州职业技术学院烹饪工艺与营养专业负责人 |
| 张津玮 | 昆明市盘龙职业高级中学烹饪学部主任 |
| 张瑞乔 | 沈阳市外事服务学校人才培养中心副主任 |
| 陈　涛 | 四川汽车职业技术学院旅游烹饪教研室主任 |
| 陈邦涛 | 广东省粤东技师学院教学科负责人 |
| 陈燕平 | 中山市现代职业技术学校旅游部专业部部长 |
| 罗国永 | 开平市吴汉良理工学校旅游部教学部长 |
| 罗秋怡 | 广西理工职业技术学校旅游教育系主任 |
| 周均海 | 信宜市职业技术学校烹饪技术系主任 |
| 郑　新 | 四川省遂宁市安居职业高级中学校教科室副主任 |
| 郎　军 | 江苏省昆山第一中等专业学校实训处主任 |
| 费　琼 | 哈尔滨市第二职业中学校餐饮服务专业部副主任 |
| 秦　晴 | 柳州市第一职业技术学校烹饪技术与管理系主任 |
| 桂　福 | 广西商业技师学院烹饪与营养学部主任 |
| 贾　晋 | 四川省商务学校烹饪专业副主任 |
| 夏海龙 | 青岛烹饪职业学校教务处主任 |
| 高会学 | 四川省成都市财贸职业高级中学校烹饪专业负责人 |
| 高锦洪 | 云南省曲靖农业学校综合改革学部（中餐烹饪专业）学部主任 |
| 黄子珊 | 广西物资学校商务与艺术系副主任 |
| 黄相淳 | 驻马店技师学院烹饪教研组组长 |
| 曹永华 | 江苏省惠山中等专业学校商贸旅游系烹饪专业负责人 |
| 戚天纳 | 甘肃省武威市凉州区职业中等专业学校烹饪专业负责人 |
| 盛　娟 | 武汉市第二职业教育中心学校现代服务部主任 |
| 常福曾 | 武汉市第一商业学校餐饮旅游专业部主任 |
| 董学敏 | 山东省潍坊商业学校旅游系副主任 |
| 韩　啸 | 重庆市旅游学校烹饪部主任 |
| 韩　婷 | 儋州市中等职业技术学校旅游管理系主任 |
| 温继军 | 济南市技师学院文化旅游学院烹饪教研室主任 |
| 雷　洋 | 四川省广元市职业高级中学校烹饪教研室主任 |
| 雷珺予 | 柳州市旅游学校文旅专业部主任 |
| 廖凌云 | 云浮市中等专业学校烹饪专业部主任 |
| 廖新有 | 英德市职业技术学校招生与校企合作办公室主任 |
| 霍　威 | 四川省东坡中等职业技术学校烹饪专业部部长 |
| 魏美伊 | 河源理工学校交通旅游部中餐烹饪专业带头人 |

## 深耕餐饮教材沃土　铸就餐饮职教篇章

餐饮业作为第三产业的重要支柱,在改革开放近五十载的历程中,始终是拉动内需、繁荣市场、促进就业、提升生活品质的强劲引擎。其经济贡献举足轻重:2024年,全国餐饮收入达55718亿元,同比增长5.3%,占社会消费品零售总额的11.42%;2025年上半年,全国餐饮收入达27480亿元,同比增长4.3%。这些数据生动地诠释了餐饮业蓬勃的生命力及其在国民经济中的战略地位。

国家层面对教育的战略擘画,更为餐饮职业教育注入了澎湃动能。《教育强国建设规划纲要(2024—2035年)》高屋建瓴,强调塑造立德树人新格局,培养时代新人,建设学习型社会,以教育数字化开辟发展新赛道。《商务部等9部门关于促进餐饮业高质量发展的指导意见》则明确要求"发展'数字+餐饮'",鼓励人工智能、大数据等前沿技术与智能设备在餐饮领域的应用。这为餐饮职业教育指明了新方向,提出了更高标准。

产业兴盛,人才为本。科教兴国、人才强国是国之大计,餐饮业发展同样依赖科教兴业、人才强业。历经近五十年的发展,我国餐饮烹饪教育已构建起涵盖中职、高职、本科(职业本科、职教师范)、硕士、博士的完整办学层次体系,形成了职业技术教育、职业技术师范教育、学科教育多元并举的办学格局,办学主体覆盖中职院校、高职院校、高师院校及普通高校。

回望个人在餐饮烹饪教育领域的耕耘,感慨系之。拙著《烹饪教育研究新论》后记曾言:若说有所收获,欣慰于"一个坚守"(三十载扎根餐饮烹饪教育),庆幸于"两个选择"(投身教师职业、专注餐饮烹饪专业),感恩于"三个平台"(学校平台、教育部平台、行业协会平台)。此"一、二、三"实为个人探索之基石。

退离行政岗位后,我开始更专注地投身餐饮烹饪教育的研究与实践:一方面深研其内在规律,另一方面聚焦各层次教育的教材建设。在此,衷心感谢华中科技大学出版社提供宝贵平台,使我得以出版专著《烹饪教育研究新论》,汇集三十余年教研心得;更有幸与华中科技大学出版社共同承担全国餐饮职业教育教学指导委员会重点课题"基于烹饪专业人才培养目标的中高职课程体系与教材开发研究"(CYHZWZD201810)。

该课题以培养目标为切入点,厘清人才培养规格;以职业技能为结合点,确保人才与职业有效对接;以课程体系与标准为关键点,精准实现培养目标;最终落脚于教材开发,打造教学过程对接生产过程、中高职有效衔接的系列教材。其创新在于:研编结合、中高职同步、学生用教材与教师用参考书联动。该课题成果有效解决了烹饪专业理论课与技能课脱节、课程重复设置、技能课交叉、技能倒挂、中高职教材内容趋同等痼疾,是落实国务院《国家职业教育改革实施方案》关于完善教育教学标准要求的具体实践。《烹饪教育研究新论》及该课题成果均获中餐科技进步奖一等奖，并被时任中国烹饪协会会长、全国餐饮职业教育教学指导委员会主任委员姜俊贤先生向全国院校及行业重点推荐。

新时代赋予职业教育前所未有的历史机遇。习近平总书记系列重要讲话、全国职业教育大会精神以及《国家职业教育改革实施方案》（简称职教20条）、《关于推动现代职业教育高质量发展的意见》（简称职教22条）、《关于深化现代职业教育体系建设改革的意见》（简称职教14条）的颁布实施和《中华人民共和国职业教育法》的修订，共同构筑了职业教育大发展的壮阔图景。

餐饮职业教育乘势而上，关键性指导文件密集出台：从教育部《职业教育专业目录（2021年）》，到《职业教育专业简介》（2022年修订），再到2025年新版《职业教育专业教学标准》，为餐饮类专业提供了人才培养核心要素的权威规范，对落实立德树人、深化教学改革、提升人才质量具有奠基性意义。

新目录、新简介、新标准，呼唤新课程、新教材。当前，"三教"（教师、教材、教法）改革进入攻坚期，成为推动职业教育高质量发展的核心抓手。教材建设尤为关键，国家明确要求打造"培根铸魂、启智增慧"的高质量教材，开发信息化资源，实现内容动态更新。

为响应时代召唤，达成高标准要求，我们正式启动职业院校"十五五"规划中餐烹饪专业新形态一体化系列教材开发工作，并秉持以下核心创新理念。

**1. 平台筑基**　依托华中科技大学出版社这一教育部直属重点大学出版社的强大平台。该社深耕教育出版四十余年，拥有专业团队和丰富经验，尤其在餐饮教材领域成果斐然（拥有国家级、省级规划教材十余种）。其编辑团队已突破传统模式，实现从国家宏观政策把握、中观教育规律研究到微观教材落地的贯通，深度服务"三教"改革。

**2. 团队为本**　组建全国性、跨界的权威编写团队。开发者（编著者）覆盖全国代表性院校、教研机构及行业企业；领衔者均为领域内有影响力的专家；团队结构兼顾专业、职称、年龄、地域、院校、行业及研究部门的多元性，旨在通过教材建设凝聚学术共同体。

**3. 项目驱动**　教材开发与科研、教研项目深度融合。例如，高职本科系列教材基于哈尔滨商业大学"国家级职业教育教师教学创新团队（烹饪与餐饮管理）"项目；高职"餐饮智能管理"系列教材依托长沙商贸旅游职业技术学院的国家级团队项目；中职系列教材则基于青岛烹饪职业学校承担的全国餐饮职业教育教学指导委员会重点课题。依托各地专业联盟、职业教育集团及各级立项课题，共同践行"问题即课题，课题解问题"的理念。

**4. 成果导向**　遵循需求导向—问题导向—成果导向原则。成果需成体系：在国标框架下，形成具有地方院校特色的人才培养方案、课程标准及教学模式（项目式、任务式、案例式、行动导向、工作过程系统化、理实一体等）。教材形态需创新：工作手册式、活页式、纸数融合、融媒体（融入VR/AR、可视化、智能技术等），确保成果最终物化为高质量教材。

**5. 共享赋能**　在华中出版平台上，以教材开发为纽带，汇聚全国智慧，深化教育教学研究，把握餐饮烹饪教育特色规律，构建共享机制。一方面提升团队综合素质，加强凝聚力；另一方面确保新形态教材具备科学性、先进性、实用性，切实提升人才培养质量，使开发的成果惠及所有参与者与使用者。

  党的二十大报告及中共中央办公厅、国务院办公厅《关于深化现代职业教育体系建设改革的意见》明确了"一体、两翼、五重点"的职业教育发展蓝图，并特别强调打造职业教育核心课程、核心教材、核心实践项目、核心教师团队（四个核心）。这为我们深耕餐饮职业教育，特别是教材建设，提供了根本原则和行动指南。

  展望未来，餐饮业在经济社会快速发展中必将更加繁荣。提升餐饮烹饪人才培养质量，满足产业发展需求，是我们共同的责任与使命。我们热切期盼全国餐饮烹饪教育工作者精诚合作，携手餐饮企业家、行业专家，深化交流，共探教育与产业协同发展的新路径、新方法。让我们凝心聚力，以高质量教材建设为重要支点，共同推动餐饮烹饪教育与行业迈向更高水平，为建设社会主义现代化强国贡献智慧与力量，谱写餐饮事业发展的璀璨篇章！

博士，教授，博士生导师

哈尔滨商业大学原党委副书记、原副校长

全国餐饮职业教育教学指导委员会副主任委员

教育部职业教育专家组成员

中国烹饪协会特邀副会长

全国餐饮职业教育教学指导委员会教学研究专门委员会主任委员

中国烹饪协会餐饮教育工作委员会主席

2025年8月

# 出版说明

中共中央、国务院印发的《教育强国建设规划纲要(2024—2035年)》明确提出,要塑造立德树人新格局,培养担当民族复兴大任的时代新人,打造培根铸魂、启智增慧的高质量教材。国家发展改革委、教育部等8部门联合发布的《职业教育产教融合赋能提升行动实施方案(2023—2025年)》强调,坚持以教促产、以产助教,不断延伸教育链、服务产业链、支撑供应链、打造人才链、提升价值链,加快形成产教良性互动、校企优势互补的产教深度融合发展格局。此外,《教育部办公厅关于加快推进现代职业教育体系建设改革重点任务的通知》指出,其中两个重点任务是持续建设职业教育专业教学资源库和开展职业教育优质教材建设。这些文件为职业教育发展指明了新方向、提出了新要求,适配职业教育的教材需充分体现思政引领、产教融合、纸数一体的特点。

随着社会经济的迅速发展和国际化交流的逐渐深入,餐饮行业面临着新挑战和新机遇,这就对新时代烹饪职业教育提出了新要求。中国饮食文化源远流长、博大精深,各地方菜系独具魅力,各地职业院校烹饪专业发展也各具特色。餐饮类院校作为全国餐饮产业高质量技术技能人才培养的重要基地,以及饮食文化传承的关键载体,肩负着重要使命。为适应餐饮产业优化升级需求,紧跟餐饮产业数字化、网络化、智能化发展潮流,满足新产业、新业态、新模式下中餐厨师等岗位(群)的新要求,落实立德树人根本任务,深化产教融合,推动新国标背景下中餐烹饪人才培养模式创新与课程体系优化,在全国餐饮职业教育教学指导委员会重点课题"基于新国标的中餐烹饪专业主要专业课程的课程标准开发研究"的基础上,华中科技大学出版社在全国餐饮职业教育教学指导委员会副主任委员杨铭铎教授的指导下,经过认真、广泛的调研与专家推荐,联合广州市旅游商务职业学校、江苏省扬州旅游商贸学校、四川省商务学校、青岛烹饪职业学校(作为四大菜系代表学校)共同发起成立的全国中职烹饪专业教学校际联盟以及武汉市第一商业学校,作为全国东西南北中各地方菜系的代表学校,组织了全国100余所烹饪专业院校及单位,遴选了近300位经验丰富的骨干教师和优秀行业、企业人才,共同编写了本套职业院校"十五五"规划中餐烹饪专业新形态一体化系列教材。

本套教材紧密契合烹饪专业人才培养的灵活性、适应性与针对性要求,充分满足岗位对烹饪专业人才知识、能力和素质的需求,具有以下编写特点。

**1. 权威指导,多元开发** 本套教材以教育部发布的新版《职业教育专业教学标准》为根基,以全国餐饮职业教育教学指导委员会重点课题为基础,在委员会专家的指导与大力支持下，由全国领军院校引领，以中餐烹饪专业师资雄厚、办学经验丰富的职业院校为核心，全国开设烹饪专业的院校广泛参与，携手行业、企业、教科研机构进行多元开发。本套教材紧密对接教学标准、职业标准及职业技能要求，充分体现了内容的先进性。

**2. 紧跟教改，思政融合** "三教"改革中教材是基础，本套教材在内容上打破学科体系、知识本位的束缚，以工作过程为导向，以真实工作项目、典型工作任务、案例等为载体构建教学单元，注重吸收行业新技术、新工艺、新规范，突出应用性与实践性，同时加强思政元素的深度挖掘，于适当处有机融入思政教育内容，实现对学生的价值引导与人文精神滋养。

**3. 理念创新，纸数一体** 秉持"互联网＋"编写思维，打造灵活、多元的新形态一体化教材。本套教材依托出版社自主研发的数字化教学资源平台，实现纸质教材和数字教学资源的融合，教师及学生通过扫码即可便捷获取优质配套教学资源。教师可通过平台布置习题，上传PPT课件、习题解析、教学视频等。学生扫码即可观看相关技能点的详尽解析视频，实现"扫码看课，码上开课"，有效激发学生学习热情和兴趣。

**4. 形式创新，丰富多样** 根据餐饮职业院校学生特点创新教材形态，针对部分行动体系课程，汇集行业企业大师、一线骨干教师，依据典型的职业工作任务，设计开发科学严谨、深入浅出、图文并茂、生动活泼且多维、立体的新型活页式、工作手册式融媒体教材，以满足日新月异的教与学的需求。

本套教材得到了全国餐饮职业教育教学指导委员会和各院校、企业的大力支持与高度关注，它将为新时期餐饮职业教育贡献积极力量，具有推动烹饪职业教育教学改革的实践价值。我们衷心期望本套教材能在相关课程教学中发挥积极作用，并得到广大读者的青睐。我们也相信本套教材在使用过程中，通过教学实践的检验与实际问题的解决，将不断得到改进、完善和提高。

# 前言

在科技飞速发展的今天,餐饮行业正经历着一场深刻的变革。随着数字化、智能化技术的不断渗透,智能烹饪逐渐成为推动餐饮行业发展的新引擎。传统厨房模式面临着市场竞争加剧、经营成本上升、消费者需求多样化等诸多挑战,而智能烹饪凭借其标准化、自动化、数据化等优势,为餐饮行业带来了新的曙光。对于即将踏入餐饮行业的职业教育烹饪专业学生来说,掌握智能烹饪技术,不仅是顺应时代潮流的必然选择,更是提升自身职业竞争力的关键所在。

智能烹饪是通过数字化技术将多元智能厨房设备联动起来,实现烹饪流程标准化、自动化的新型烹饪模式。从智能炒菜机精准复现烹饪过程,到智能蒸烤箱通过多段温控实现标准化烘焙,从智能切配设备快速精准切配原料,到数字化技术应用实现智能排产和任务分配,智能烹饪全方位地改变了依赖厨师经验的传统烹饪模式。它不仅能够显著提升烹饪效率、降低人力成本,还能确保菜品品质的稳定性,实现精细化管理,为餐饮企业和餐饮行业带来巨大的经济效益和社会效益。

**学习智能烹饪,对于职业教育烹饪专业学生有着重要的现实意义和长远价值。**

**1. 顺应行业变革浪潮** 在社会数智化加速发展的大趋势下,餐饮行业正经历着双重驱动的深刻变革。一方面,数智化浪潮促使餐饮行业转型,传统依赖人工和经验的运营模式,难以匹配高效、精准、标准化的市场需求。另一方面,数智化技术为餐饮行业的升级提供了坚实的技术支撑。在这样的大环境下,职业教育烹饪专业学生只有掌握智能烹饪技术,才能跟上行业迭代的节奏,在未来的职业生涯中占据一席之地。

**2. 破解行业成本困局** 当前,餐饮行业面临着原料成本上升、人力成本上涨、经营利润空间不断被压缩等很多难题,降本增效成为餐饮企业发展的核心诉求。智能烹饪凭借自动化操作、数据化管理和标准化出品等优势,能够帮助餐饮企业突破成本困局。这也就意味着,掌握智能烹饪技术已经成为餐饮从业人员适应产业升级、提升自身在市场中的生存与发展能力的关键。对于职业教育烹饪专业学生来说,学习智能烹饪课程是顺应行业发展趋势、增强自身竞争力的必然选择。

**3. 契合人才需求标准** 随着智能烹饪设备在餐饮行业的快速普及,传统依赖人工的后厨模式逐渐被淘汰,智能厨房系统成为主流。餐饮行业调研数据显示,采用智能烹饪设备的餐饮企业的人力成本得到显著降低,劳动效率也得到提升,这种变革使得餐饮行业的人才需求标准发生了巨大变化,同时具备传统厨艺和智能烹饪设备操作能力的复合型人才更受市场欢迎。职业教育烹饪专业学生学习智能烹饪课程,有助于提升自身的职业竞争力,为未来的就业和职业发展打下坚实的基础。

**4. 拓宽职业发展道路**　面对餐饮行业利润下滑的挑战,越来越多的餐饮企业开始布局中央厨房、预制菜等新业态,而智能烹饪技术在这些领域有着广阔的应用空间,催生了设备运维、系统管理等新兴岗位。职业教育烹饪专业学生掌握智能烹饪技术后,不仅能在传统餐饮岗位就业,还可向更具发展潜力的餐饮食品工业化领域转型,为职业发展提供更多可能性。

**智能烹饪是对未来职业教育人才培养方向的指引。**

**1. 培养驾驭智能烹饪设备的人才**　未来的职业教育烹饪专业人才培养,应该着力培养学生熟练操作智能炒菜机、智能蒸烤箱、智能低温慢煮设备等常见智能烹饪设备,涵盖基础操作及简单故障排查。学生应能根据菜品特性灵活设置设备参数,调用并优化云端标准化菜谱,真正成为智能烹饪设备的操作行家。

那么,提倡智能烹饪是否会导致智能烹饪设备替代人工,进而抢了烹饪专业人才的"饭碗"呢?其实不然,就像人类驾驭 AI 一样,任何技术的应用都依赖于底层逻辑与原理的支撑,而掌握这些底层逻辑与原理的人,才能真正驾驭智能烹饪设备。因此,未来的职业教育烹饪专业人才,需具备优化智能烹饪工艺流程、操作智能烹饪设备、设计智能菜谱及烹制不同风味美食的能力。

**2. 塑造数据分析人才**　在智能厨房环境下,将产生大量数据,因此培养学生的数据思维和数据分析能力至关重要。学生要学会解读设备运行数据、识别异常信号、利用数据分析工具优化菜谱参数,并将顾客反馈转化为具体改进依据,从而实现烹饪过程与厨房管理的精准化升级。

**3. 打造数字化管理人才**　餐饮行业的全流程数字化管理是未来的发展趋势。职业教育烹饪专业学生应该积极学习各类数字化管理软件,掌握从原料采购到订单处理的数字化管理方法,建立数据驱动的运营思维,并通过数字化工具实时监控设备运行状态、动态优化备餐流程,成为适应数字化时代的管理人才。

**4. 培育持续学习与创新研发人才**　智能烹饪技术更新换代速度快,培养学生的持续学习与创新研发能力尤为关键。学生要保持开放的学习心态,定期追踪行业前沿技术动态,积极参与技能培训,不断提升跨设备操作能力。同时,要在标准化与个性化之间找到平衡,善于利用智能烹饪设备开发新菜品,实现传统烹饪技艺与智能技术的融合创新。

**《智能烹饪基础》是国内乃至全球首部中餐智能烹饪方向的职业教育教材,填补了智能烹饪领域职业教育教材的空白。**

本教材以烹饪工艺的流程为主线,先建立智能烹饪的概念和应用场景,然后通过原料的识别与挑选工艺、初加工工艺、分解与切割工艺、糊浆拍粉工艺、热处理工艺,结合现代智能技术形成完整的原料加工流程,形成教学闭环。

本教材共十个项目，内容包括导论、探寻智能烹饪、认知人工智能与烹饪应用、原料的智能识别与挑选、鲜活原料的智能化初加工、原料的分解与切割、糊浆拍粉工艺的智能化加工、基于智能烹饪的原料热处理、基于智能烹饪的菜谱设计和烹饪智能展望。

本教材有以下几个特点。

**1. 理念新**　本教材积极响应国务院发布的《国家职业教育改革实施方案》以及教育部相关文件精神，围绕深化教学改革和"互联网＋职业教育"的发展需求进行编写，是一本编排科学、配套资源丰富、呈现形式灵活、信息技术应用恰当的新型活页式融媒体教材。

**2. 模式新**　本教材编写团队汇聚了烹饪与教育领域的顶尖力量，核心成员均为行业标杆级人物，包括深耕烹饪职业教育领域多年的全国餐饮职业教育教学指导委员会专家、湖北省非物质文化遗产代表性传承人、工业和信息化部与教育部联合聘任的职业教育专家，以及智能烹饪设备研发领域的领军企业家与教育装备企业负责人，打通了从技艺传承到现代教学设备应用的全链条，为烹饪专业赋能。团队独创"技艺拆解—标准转化—设备适配—教学验证"的编撰闭环，将非物质文化遗产技艺的精髓、智能烹饪的前沿成果与职业教育的实操需求精准融合，确保教材既具备学术权威性，又拥有极强的教学实用性，成为连接传统技艺传承与现代职业教育的关键纽带。

**3. 内容新**　本教材配套有丰富的数字资源，如 AI 数字人讲解和以 VR 形式呈现的视频教材、配套数字题库等。

**4. 形式新**　与传统的普通胶装教材不一样，本教材采用活页式设计。活页式教材通常以单个任务为单位，用活页的形式将任务贯穿起来，强调在理解和掌握知识的基础上进行实践和应用，适合以学生为中心的教学模式。活页式设计还实现了"活教""活学""活用"，方便教师和学生根据实际情况灵活调整。

**5. 成果新**　本教材不仅服务于职业教育烹饪专业学生，也是对传统烹饪教学发起的一场变革，成果丰富，主要体现在以下四个方面。

（1）科学性：本教材按照科学的教育理念编写，收录了大量智能烹饪案例，为学生全面了解和学习智能烹饪打下了良好的基础。

（2）可读性：本教材按照传统的烹饪工艺流程编写，在各环节融入智能烹饪理念与实践案例，引导学生进行循序渐进的学习，有效提升了教材的可读性。

（3）先进性：本教材以任务为主线，坚持问题导向、需求导向、目标导向和效果导向，结合丰富的案例和实践内容，系统介绍了智能烹饪的基本概念与核心技术，并帮助学生清晰认知未来职业发展路径。同时，本教材还注重培养学生的持续学习能力和创新研发能力，引导学生在标准化与个性化之间找到平衡，实现传统烹饪技艺与智能技术的融合创新。

（4）适用性：本教材为通识教材，适用性较广，不仅适用于中高职的职业教育烹饪专业学生，也适用于烹饪培训机构、餐饮机构对预备性人才的培养。

智能烹饪正以不可阻挡的趋势重塑餐饮行业格局，为餐饮职业教育开辟了全新的赛道。

从传统灶台到智能厨房,改变的不仅仅是烹饪工具,更是人才培养的思维与方向。只有紧跟时代发展的步伐,在课程革新、教学实践与人才培养方面持续努力,才能让职业教育烹饪专业的学生在智能烹饪的浪潮中站在前列,让烹饪这门古老的艺术在科技的赋能下焕发出新的生机。

最后感谢全国餐饮职业教育教学指导委员会(餐饮行指委)与中国烹饪协会在本教材编写中给予的鼎力支持与帮助:餐饮行指委专项立项"'智能烹饪基础'课程标准与教材开发研究",为本课程标准和教材开发达到新高度奠定了坚实基础;杨柳主任(会长)、乔杰副主任(副会长)、丁乐副秘书长(餐饮行指委秘书处负责人)、姜婷总干事(教工委)深度参与,确保本教材学术性与实用性并重。此外,全国餐饮教育的同行们在课程内容方面提出了宝贵建议,华中科技大学出版社车巍副社长,医学分社陈鹏社长,烹饪、食品与营养出版中心汪飒婷主任都倾注了心血,在此致以衷心的感谢。

由于编写时间紧,编者水平有限,书中难免出现错误及不足之处,请广大读者批评指正。

编　者

# 目录

## 项目一 导论 … 1

任务　概述 … 1

## 项目二 探寻智能烹饪 … 9

任务一　界定智能烹饪 … 9
任务二　走进数智厨房 … 12
任务三　解析智能烹饪技术 … 19

## 项目三 认知人工智能与烹饪应用 … 24

任务一　辨析人工智能的概念 … 24
任务二　走进人工智能技术应用 … 39
任务三　体验 AI 大模型烹饪应用 … 62

## 项目四 原料的智能识别与挑选 … 89

任务一　利用智能技术进行植物性原料的识别与挑选 … 89
任务二　利用智能技术进行陆生动物性原料的识别与挑选 … 92
任务三　利用智能技术进行水生动物性原料的识别与挑选 … 96
任务四　原料虚拟仿真技术应用 … 99

## 项目五　鲜活原料的智能化初加工　117

任务一　植物性原料的智能化初加工　117

任务二　陆生动物性原料的智能化初加工　122

任务三　水生动物性原料的智能化初加工　126

## 项目六　原料的分解与切割　131

任务一　原料智能化分解加工　131

任务二　智能化刀工加工　134

任务三　智能刀工训练系统　137

## 项目七　糊浆拍粉工艺的智能化加工　141

任务一　智能化糊浆工艺　141

任务二　智能化拍粉工艺　143

## 项目八　基于智能烹饪的原料热处理　148

任务一　原料热处理的实质与内容　148

任务二　热传递的途径与特色　150

任务三　原料热处理中的传热过程　151

任务四　利用智能设备进行原料的热处理——炸、煎　153

任务五　利用智能设备进行原料的热处理——蒸、烤　155

任务六　利用智能设备进行原料的热处理——炒、烧、焖、炖　156

## 项目九　基于智能烹饪的菜谱设计　159

任务一　智能菜谱的设计流程　159

| 任务二 | 智能菜谱设计的重难点 | 162 |
| 任务三 | 智能菜谱自主设计案例 | 164 |
| 任务四 | 智能菜谱实操设计 | 166 |

## 项目十　烹饪智能展望　173

| 任务一 | 认知 AI 烹饪大模型 | 173 |
| 任务二 | 掌握烹饪智能化发展趋势 | 175 |

主要参考文献　178

**教学资源包**

  本书除正文中扫描对应二维码可获得的教学课件、视频和习题库之外,还配套课程设计和丰富的教学资源包,包含试卷、教学大纲、教案、课程标准、课程评价、授课计划等。

  课程设计和教学资源包仅供教师用户在教学中参考使用。请教师用户联系我们(见封底"食在微信公众号")获取动态密码。

# 项目一

# 导论

## 任务 概述

### 任务目标

1. 了解智能烹饪的基本概念。
2. 了解智能烹饪对餐饮从业人员的新要求。

### 任务导入

当前,餐饮企业正面临着前所未有的挑战:市场竞争加剧、经营成本上升、消费者需求多样化,传统厨房模式的高能耗、高人力依赖和出品不稳定等问题日益凸显。在此环境下,智能烹饪设备的应用成为餐饮企业突破困境的重要方向。

以智能炒菜机为代表的现代化厨房设备,能够显著提升烹饪效率,降低人力成本,并确保菜品品质的稳定性。相比传统烹饪方式,智能烹饪设备在减少原料浪费、优化能源消耗、提高出餐速度等方面展现出明显优势。实践表明,采用智能烹饪设备的餐饮企业,在厨房运营、成本控制和标准化管理方面均取得了显著成效。

对于烹饪专业的学生而言,掌握智能烹饪设备的操作与维护方法,不仅是适应餐饮行业发展的必备技能,更是未来职业竞争力的关键所在。在餐饮行业向数字化、智能化转型的浪潮中,只有主动拥抱新技术,才能把握职业发展新机遇,成为推动餐饮行业进步的中坚力量。

### 知识精讲

#### 一、什么是智能烹饪

智能烹饪是通过数字化技术,联动智能炒菜机、智能蒸烤箱、智能切配设备等多元智能烹饪设备,实现烹饪流程标准化、自动化的新型烹饪模式。智能烹饪设备(图1-1-1和图1-1-2)可根据预设程序协同完成原料净化、精准控温、智能排产等全流程操作。例如,智能炒菜机依托智能菜谱,通过预设程序精准复现烹饪过程;智能蒸烤箱通过多段温控技术使烘焙流程标准化;智能切配设备通过程序预设与智能控制,实现快速、精准切配,确保原料规格统一,提升效率与卫生安全等,彻底改变了依赖厨师经验的传统烹饪模式。

智能烹饪的特点如下。

图 1-1-1　智能烹饪设备示意图(一)　　　　　图 1-1-2　智能烹饪设备示意图(二)

(一) 标准化出品

智能炒菜机(图 1-1-3 和图 1-1-4)搭载的智能菜谱系统将烹饪流程全面数字化,精确记录火候控制、调味配比等关键参数,形成可存储、可复用的标准化程序库;智能蒸烤箱通过多段温控技术实现烘焙类菜品流程的标准化;智能切配设备通过高精度刀片和智能控制系统,可快速处理大量原料,还可根据菜品需求调整切配参数,保证原料规格标准化。智能烹饪设备让每道菜品都建立在完整的质量控制体系上,通过传感器实时监测烹饪状态,确保出品质量稳定可靠,提升餐饮企业标准化水平。

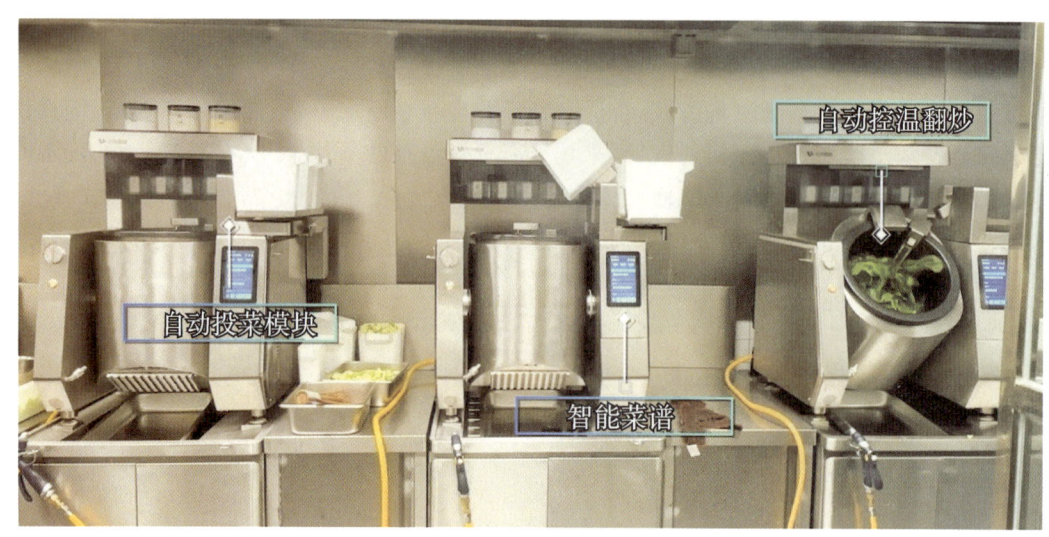

图 1-1-3　智能炒菜机 1

(二) 自动化操作

智能烹饪设备通过读取预设的智能菜谱,能够自动完成从投料、烹饪到出餐的全过程操作。系统会根据菜谱指令精准控制每个环节,包括自动计量原料、调节火候、调味等烹饪工艺和出餐时间。这种全流程自动化不仅大幅降低了人力成本,更能确保出品速度和质量的一致性。在实际应用中,该技术显著提升了出餐效率,使厨房运作更加高效流畅,同时减少了人工操作可能带来的误差和浪费。

图 1-1-4　智能炒菜机 2

（三）数据化管理

智能烹饪设备会自动生成详细的工作过程报告，为持续优化提供数据支持，智能分析功能可识别工艺流程中的改进空间并提供优化建议。例如，智能蒸烤箱会生成温度曲线报告，辅助分析不同原料的最佳烤制参数；智能炒菜机的运行数据会同步至云端，用于菜品研发优化，基于大数据分析的AI算法自动生成优化菜谱，在保证菜品质量的同时提升整体运营效率，帮助餐饮企业实现数据化管理（图 1-1-5）。

图 1-1-5　数据化管理

（四）物联网应用

通过将智能烹饪设备互联互通，可实现智能排产和任务分配。例如，将智能炒菜机与原料净化机通过物联网协同，净化完成的原料会自动投放并触发智能炒菜机预热程序（图 1-1-6）；环境传感器实时监测厨房温湿度，联动智能蒸烤箱调整蒸汽输出量；通过远程监控系统，管理者可实时掌握设备运行状况,提前预警潜在故障,构建智能化、可视化的现代厨房管理体系。

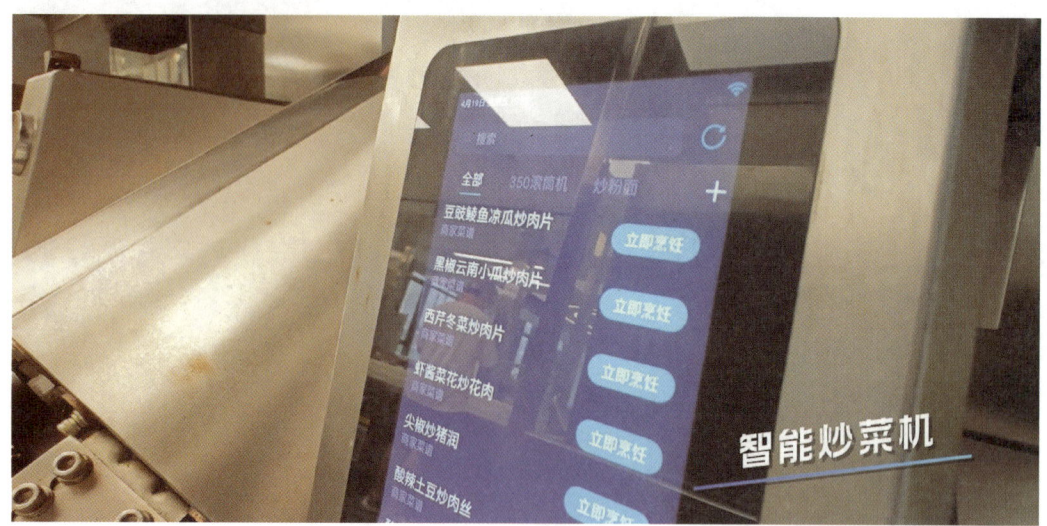

图 1-1-6　物联网应用

(五) 互联网对接

智能烹饪系统通过云端 SAAS 平台,为连锁餐饮企业提供移动化的后厨管理解决方案。餐饮企业管理者可通过手机或电脑实时查看各门店设备的运行状态、菜品出品数据和能耗情况,实现跨地域的集中管控(图 1-1-7)。智能烹饪系统支持与主流餐饮 ERP 的 API 对接,实现从点单、备餐到出品的全流程数据互通,帮助餐饮企业构建完整的数字化管理体系。同时,设备运行数据可自动同步至中央厨房管理系统,为供应链优化和菜品研发提供数据支撑。

图 1-1-7　餐饮企业管理者远程管理门店

二、为什么要学习智能烹饪

(一) 顺应数智化时代的行业变革浪潮

在社会数智化加速发展的大趋势下,餐饮行业正经历双重驱动的深刻变革:一方面,数智化浪潮促使餐饮行业转型,传统依赖人工、经验的运营模式,难以匹配高效、精准、标准化的市场需求;另一方面,数智化技术为餐饮升级提供全新可能,从智能设备到数据驱动的管理体系,构建起行业变革的技术底座。餐饮企业需主动拥抱数智化,餐饮从业人员更要提前掌握智能烹饪技术,才能跟上行业迭代节奏。

### (二)破解餐饮企业成本困局的现实需求

在餐饮行业面临原料成本持续攀升、人力成本逐年上涨、经营利润空间不断被压缩的背景下,降本增效已成为餐饮企业发展的核心诉求。智能烹饪通过自动化操作、数据化管理和标准化出品,正在帮助餐饮企业突破成本困局(图1-1-8),这也对餐饮从业人员的技能结构提出了全新要求。掌握智能烹饪技术不仅是餐饮从业人员适应产业升级的需要,更是提升个人在严峻市场环境中的生存与发展能力的关键。

**图 1-1-8　智能烹饪助力餐饮企业降本增效**

### (三)顺应行业发展趋势

在餐饮企业经营压力加大的市场环境下,智能烹饪设备凭借其显著的降本增效优势正得到快速普及。传统依赖人工的后厨模式因成本过高而逐步被淘汰,取而代之的是能够实现标准化、规模化生产的智能厨房系统。餐饮行业调研数据显示,采用智能烹饪设备的餐饮企业的人力成本得到显著降低,劳动效率也得到提升,这种变革正在重塑餐饮行业的人才需求标准。

### (四)提升职业竞争力

在餐饮企业普遍面临盈利压力的当下,同时具备传统厨艺和智能烹饪设备操作能力的复合型人才更具市场价值。这类人才能够帮助餐饮企业实现降本增效的经营目标,在控制人力成本的同时保证出品质量,因而在就业市场上展现出明显的竞争优势。特别是在连锁餐饮企业快速扩张的背景下,掌握智能烹饪技术的人才往往能获得更好的职业发展空间和薪资待遇。

### (五)拓宽就业选择范围

面对利润下滑的挑战,越来越多的餐饮企业开始布局中央厨房、预制菜等新业态以降低成本。智能烹饪技术在这些领域具有广泛的应用空间,催生了设备运维、系统管理等新兴岗位。掌握相关技术的人才不仅能在传统餐饮岗位就业,还可向更具发展潜力的餐饮食品工业化领域转型,为职业发展提供更多可能性。

### (六)优化工作体验

在餐饮企业严格控制人力成本的背景下,智能烹饪设备的运用能有效降低餐饮从业人员的工作强度。通过自动化完成重复性劳动,厨师能够将更多精力投入菜品研发等创造性工作,既提升了工作效率,又优化了工作体验。这种转变有助于缓解餐饮企业人才流失问题,为餐饮从业人员创造更具吸引力的职业环境。

### 三、智能烹饪对餐饮从业人员的新要求

随着智能烹饪技术的快速普及,餐饮从业人员正面临前所未有的职业转型。在这个变革时代,保持开放心态、主动拥抱技术创新,已成为餐饮从业人员必备的职业素养(图1-1-9)。只有突破思维定式,积极适应智能化趋势,才能在行业变革中把握发展机遇。

图 1-1-9　运用智能烹饪设备

#### (一)技术操作能力

餐饮从业人员需要以开放的心态学习智能烹饪设备的操作与维护方法,克服对新技术的畏难情绪。从基础的设备操作到简单故障排查,餐饮从业人员需要尽可能熟练掌握以下智能烹饪设备。

**1. 智能炒菜机**(图1-1-10)　能根据菜品特性设置分段火候(如热锅温度、收汁功率),调用云端标准化菜谱并优化参数(如调料投放顺序、用量等)。

**2. 智能蒸烤箱**(图1-1-11)　能配置多段温控程序(如发酵、烤制、蒸制阶段的温度切换),利用湿度传感器判断原料熟度(如清蒸鱼的最佳蒸制时长)。

图 1-1-10　智能炒菜机

图 1-1-11　智能蒸烤箱

**3. 低温慢煮设备（图 1-1-12）** 理解精准控温原理，根据原料类型设定慢煮时间与温度组合（如肉类、海鲜的差异化处理流程）。

**4. 其他辅助设备** 掌握原料净化机的预处理流程（如清洗原料等）、智能炸炉（图 1-1-13）的油质管理（如根据检测指标判断换油周期等）等。

图 1-1-12　低温慢煮设备

图 1-1-13　智能炸炉

（二）数据分析能力

面对智能厨房产生的大量数据，餐饮从业人员要突破"凭感觉做事"的习惯，主动培养数据思维。这包括以积极的态度学习数据分析，例如，解读设备运行基础数据（如温度曲线），识别异常信号（故障预警），使用数据分析工具（如云端菜谱平台的优化建议功能），将消费者的反馈（如口味偏好）转化为调整菜谱参数（如调料投放量）的依据等（图 1-1-14）。

（三）数字化管理能力

餐饮从业人员需要转变传统管理方式，积极拥抱数字化工具。从原料采购到订单处理的全流程数字化，要求餐饮从业人员克服对新技术的不适应，主动学习各类管理软件，建立数据驱动的运营思维模式。例如，使用云端 SAAS 平台监控多门店设备状态（如智能蒸烤箱的能耗排名），通过物联网对接智能烹饪设备的数据从而优化备餐流程（如根据订单量自动调整智能炒菜机的菜谱调用频率）等（图 1-1-15）。

图 1-1-14　数据分析

图 1-1-15　数字化管理

## （四）持续学习能力

在技术快速迭代的背景下,保持终身学习的心态至关重要。餐饮从业人员要建立开放的知识更新机制,定期了解餐饮行业最新技术动态,培养快速掌握新设备、新系统的能力,避免因循守旧而被淘汰。例如,要主动关注智能烹饪设备新技术(如原料净化机的复合净化技术),参加厂商培训课程(如智能炸炉的物联网功能升级课程),持续提升跨设备操作能力(如联动使用原料净化机与智能炒菜机完成菜品预处理)等(图1-1-16)。

## （五）创新研发能力

智能烹饪时代要求餐饮从业人员在标准化与个性化之间找到平衡。这需要餐饮从业人员以开放包容的态度对待技术创新,既要尊重传统烹饪技艺,又要善于利用智能烹饪设备开发新菜品,实现烹饪艺术的数字化传承与创新。例如,利用智能炒菜机完成基础的菜品烹饪工作,从而节省时间用于专注研发新菜谱,并通过智能菜谱系统记录参数(如60 ℃慢煮20 min等),结合云端菜谱平台推广至连锁门店,实现传统烹饪技艺与智能烹饪技术的融合创新(图1-1-17)。

图 1-1-16　持续学习

图 1-1-17　创新研发

# 项目二

# 探寻智能烹饪

扫码看课件

扫码看视频

**任务一　界定智能烹饪**

### 任务目标

1. 了解智能烹饪。
2. 了解智能烹饪在原料处理、原料切配、原料烹制等工艺中的应用。

### 任务导入

智能烹饪给中餐烹饪带来了革命性变革。从原料筛选开始,智能设备能精准识别原料新鲜度,让翻炒、蒸煮过程更精准、高效;火候控制不再凭经验,而是由智能系统自动调节,确保最佳烹饪温度与时长;调味环节,智能投料技术实现克级精准投放;成品摆盘环节,智能设计软件还能提供创意造型方案。想知道这些智能烹饪技术如何操作,如何让传统中餐焕发新生吗?接下来让我们一起探索!

### 知识精讲

#### 一、智能烹饪的内容

智能烹饪涵盖多个方面,包括智能烹饪设备能够自动根据预设的程序和参数进行烹饪操作,如精准控制火候、时间、温度等;具备智能识别功能,可自动识别原料并匹配相应的烹饪模式和菜谱;还能通过互联网连接实现远程控制、数据共享,以及为用户提供营养分析、饮食建议等个性化服务,让烹饪过程更加智能化、人性化,提升烹饪菜品质量和用户体验感。

#### 二、智能烹饪视角下的原料处理

智能烹饪在原料处理智能化方面,正以先进技术重塑传统流程。

(一) 传统烹饪技术实现的原料处理

传统原料处理方式多样,蔬果常用清水冲洗,肉类则用流水反复搓洗,通过物理冲刷去除表面泥沙、杂质;对于蔬果的农药残留和肉类所含细菌,常采用浸泡、焯水等方法,但处理效果有限。处理过程依赖人工经验,效率较低,难以彻底清除顽固污染物。

(二) 智能烹饪设备实现的原料处理

现以商用水触媒食品原料净化机(图 2-1-1)为例,它利用羟基水触媒技术,将水裂解为具有强氧化性的羟基自由基,主动攻击细菌、病毒、残留农药、激素等有害物质,将其降解为二氧化碳、水和无机盐。设备自动化程度高,可批量处理原料,处理时间短、效率高,且无须添加化学试剂,安全环保。

图 2-1-1　商用水触媒食品原料净化机

（三）传统原料处理与智能烹饪设备原料处理的对比

传统原料处理与智能烹饪设备原料处理的对比如表 2-1-1 所示。

表 2-1-1　传统原料处理与智能烹饪设备原料处理的对比

| 项　目 | 传统原料处理 | 智能烹饪设备原料处理 |
| --- | --- | --- |
| 处理方式 | 清水冲洗、浸泡、焯水等物理方法,依赖人工操作 | 利用羟基水触媒技术,将水裂解为羟基自由基进行净化,自动化运行 |
| 效率 | 依赖人力,操作缓慢,效率低 | 可批量处理原料,处理时间短、效率高 |
| 效果 | 仅能去除表面泥沙、杂质,对残留农药、细菌等处理效果有限 | 能主动攻击并降解细菌、病毒、残留农药、激素等有害物质,净化更彻底 |
| 成本 | 初期投入低,但人力成本高 | 采购成本较高,但长期使用可节省人力成本 |
| 功能 | 主要为物理清洁 | 具备杀菌消毒、降解多种有害物质等功能,食品安全保障更优 |

## 三、智能烹饪视角下的原料切配

智能切配设备可通过程序预设与智能控制,实现快速、精准的原料切配,确保原料规格统一,提升效率与卫生安全。

（一）传统烹饪技术实现的原料切配

传统原料切配主要依靠厨师手工操作,凭借刀具和砧板等简单工具,依据个人经验和技巧对原料进行切割、成型。如切丝讲究粗细均匀,切片要求薄厚一致,但实际操作中受厨师状态、熟练度影响大,效率较低。切配过程耗时长,难以满足大规模餐饮需求,且不同厨师切配出的原料规格存在差异。

（二）智能烹饪设备实现的原料切配

智能切配设备（图 2-1-2）融合机械传动、智能控制等技术,能根据预设程序自动完成切配任务。通过高精度刀片和智能控制系统,可将原料切成丝、片、块、丁等各种形状,且尺寸误差极小。例如,一些智能切菜机可快速处理大量蔬菜,还能根据菜品需求调整切配参数,不仅效率远超人工,而且能保证原料规格统一,同时减少人工接触,提升食品卫生安全。

图 2-1-2 智能切配设备

(三)传统原料切配与智能切配设备原料切配的对比

传统原料切配与智能切配设备原料切配的对比如表 2-1-2 所示。

表 2-1-2 传统原料切配与智能切配设备原料切配的对比

| 项　目 | 传统原料切配 | 智能烹饪设备原料切配 |
|---|---|---|
| 操作方式 | 依赖人工操作,厨师需手动控制刀具,根据经验判断切割位置和力度 | 通过 3D 视觉识别、智能传感器等技术,自动识别原料形态和部位,机械臂或刀具按预设程序自动操作 |
| 生产效率 | 速度较慢,受厨师操作熟练度和体力限制(长时间工作易疲劳而导致效率下降) | 处理速度快,每小时可处理大量原料,工作持续稳定,不受人为疲劳因素影响 |
| 分割精度 | 精度较低,切割误差较大,难以保证每块原料规格完全一致 | 精度极高,可达到毫米级,能将肉品精准分割成不同规格的块状、片状或丝状 |
| 原料损耗 | 由于存在人工操作误差,易造成原料浪费,尤其是珍贵原料损耗明显 | 精准识别和切割,能最大限度地利用原料,减少带肉损耗和原料浪费 |
| 人力需求 | 需要大量熟练厨师进行操作,人力成本高,且培养熟练厨师周期长 | 只需少量技术人员进行设备监控和参数设置,可降低对人力的依赖和人力成本 |
| 质量稳定性 | 受厨师个人技术和状态影响大,不同厨师操作时产品质量存在差异 | 严格按照预设程序和参数执行,不受人为因素干扰,产品质量稳定、均一 |
| 适用场景 | 适合小规模、个性化定制的原料切配需求 | 适用于大规模、标准化生产的餐饮企业、食品加工厂等 |
| 技术创新 | 厨师切配技术更新迭代缓慢,功能单一,难以满足复杂需求 | 不断融入新技术,如人工智能、机器视觉等,可根据需求灵活调整功能和程序 |

### 四、智能烹饪视角下的原料烹制

原料烹制过程依托智能设备可实现火候、温度与时长的精准调控,还能自动匹配菜谱程序,实现高效、稳定的标准化烹饪,确保菜品品质如一。

## （一）传统烹饪技术实现的原料烹制

传统原料烹制依靠厨师的经验与技巧，厨师使用炒锅、炉灶等厨具，通过手动翻炒、调节火候等方式进行菜品制作。原料烹制过程中，厨师需实时把控原料投放顺序、调味时机和烹饪时长，这对厨师技艺要求高，菜品品质因厨师个人水平不同而有所差异，且长时间烹制易使厨师疲劳。

图 2-1-3　商用智能炒菜机器人

## （二）智能烹饪设备实现的原料烹制

智能烹饪设备可以实现烹制技法中的炒、烤、蒸等，以不同的设备形式完成智能烹饪过程。以商用智能炒菜机器人（图 2-1-3）为例，它融合了自动化控制、智能感应等技术，内置多种烹饪程序，可自动完成搅拌翻炒、精准控温、定时烹饪等操作，能根据预设菜谱准确投放调料。只需将原料和调料放入指定位置，选择对应程序，即可完成烹制，操作简单，能保证输出菜品品质稳定，还可降低人力成本。

## （三）传统原料烹制与智能烹饪设备原料烹制的对比

传统原料烹制与智能烹饪设备原料烹制的对比如表 2-1-3 所示。

表 2-1-3　传统原料烹制与智能烹饪设备原料烹制的对比

| 项　目 | 传统原料烹制 | 智能烹饪设备原料烹制（商用智能炒菜机器人） |
| --- | --- | --- |
| 操作方式 | 厨师使用厨具，手动翻炒、调节火候与调味 | 自动化操作，根据预设程序自动翻炒、控温、调味 |
| 烹制效率 | 受厨师操作速度限制，批量烹制效率较低 | 可同时处理多份原料，烹制效率高，适合大规模出餐 |
| 烹制效果 | 依赖厨师经验，菜品品质不稳定 | 精准控制烹制参数，菜品口味和成色稳定 |
| 人力成本 | 需专业厨师操作，人力成本高 | 操作简单，可降低对专业厨师的依赖性和人力成本 |
| 学习成本 | 厨师需长期学习烹制技巧与积累经验 | 操作界面简洁易懂，用户短时间内可掌握 |
| 灵活性 | 厨师可根据经验和临场情况灵活调整烹制方式 | 部分炒菜机器人程序固定，高端产品可自定义烹制参数，但灵活性仍低于传统原料烹制方式 |

扫码看视频

## 任务二　走进数智厨房

### 任务目标

1. 了解餐饮厨房的发展历程；了解数智厨房的要素。
2. 了解数智厨房的价值。
3. 熟悉数智厨房对从业人员的要求。

项目二 探寻智能烹饪

> **任务导入**
>
> 在餐饮行业面临人力成本持续攀升、原料价格波动加剧及消费者需求多元化的背景下,数智厨房通过数字化与智能技术,为餐饮企业提供了降本增效的创新解决方案。
>
> 借助智能烹饪设备(如智能炒菜机、智能蒸烤箱等),厨房实现了自动化作业,减少了对人工的依赖,降低了人力成本。此外,智能烹饪设备精准控温、定量投料等功能可优化能源与原料消耗,减少浪费。同时,物联网技术实现了设备互联与数据采集,餐饮企业管理者可通过云端系统实时监控厨房运行状态,分析出餐效率、能耗趋势等数据,优化生产流程。
>
> 通过衔接大数据平台,AI算法还能基于历史销售数据预测菜品需求,辅助备餐决策,避免库存积压或供应不足。数智厨房不仅能提升标准化程度,确保出品稳定,还能通过数字化管理降低运营成本,帮助餐饮企业在激烈的竞争中实现高效运营与可持续发展。

 **知识精讲**

### 一、餐饮厨房的发展历程

餐饮厨房的发展历程,本质上是餐饮行业持续追求"省人工、提效率、降成本、保出品"的进化过程。从最初完全依赖人力的传统模式,到如今智能化、数字化的现代厨房,每一次变革都推动着餐饮行业向更高效、更经济的经营模式迈进。这一发展轨迹不仅体现了技术创新的力量,更反映了餐饮企业应对市场挑战的智慧。

(一)作坊厨房:人力密集的传统模式

作坊厨房代表了最原始的餐饮生产形态,其核心特点是完全依赖人工操作。在这种厨房中,厨师需要承担从原料处理到成品制作的全部工序,使用简单的工具完成烹饪。由于缺乏标准化流程,不同厨师制作的菜品存在明显差异,难以保证出品稳定性。在成本结构方面,高人力成本、高原料损耗、低能源利用,是这个阶段后厨的特征。

这种模式虽然投资少、转型灵活,但生产效率低下,厨师人力成本很高,甚至存在一定的食品安全风险,严重制约了餐厅的规模化发展。随着餐饮市场竞争加剧,这种高成本、低效率的模式逐渐被淘汰。

(二)正规餐饮门店厨房:初步分工的标准化尝试

正规餐饮门店厨房通过功能分区和设备升级,实现了初步的标准化生产。这种厨房通常被划分为原料处理区、烹饪区、备餐区等专门区域,并配备专业的冷藏设备、多功能灶台等(图2-2-1)。通过制定基本的操作规范,生产效率得到大幅提升,人力成本得到大幅下降。

这种模式虽然改善了作坊厨房的部分缺陷,但由于其仍以人工操作为主,在就餐高峰期经常出现效率瓶颈,平均出餐时间波动较大,在精细化管理和成本优化方面仍有很大提升空间。

(三)4D厨房:科学管理的系统优化

4D厨房通过整理到位、责任到位、执行到位、培训到位四个维度,将科学管理理念深度融入厨房运营。这种厨房采用精细化的空间规划,确保工作动线最短;实施严格的色标管理和定位存放,减少了员工30%的无效走动时间;建立标准化的清洁消毒流程,食品安全达标率提升至95%以上。

虽然在标准化方面已经大幅提高,但这种模式对自动化设备的应用仍然有限,在数据化管理和

图 2-2-1　正规餐饮门店厨房示意图

智能控制方面存在明显短板,难以满足现代餐饮企业对精准运营的需求。

(四)数智厨房:智能技术的全面赋能

数智厨房(图 2-2-2)通过智能炒菜机、自动分餐系统等自动化设备集群,配合物联网数据采集和 AI 算法优化,实现了革命性的效率突破。

图 2-2-2　数智厨房示意图 1

通过一人操作多台设备,且由于对烹饪技术要求大幅降低,厨工可以代替厨师完成部分烹饪操作,使人力需求降低 50%～60%,单个厨师产能提升 3～5 倍;通过精准控温和定量投料,在全面实现出餐口味标准化的同时,还能将原料损耗率控制在 5% 以内;由于广泛采用电磁技术替代燃气,使得能源利用率达 85% 以上;中央厨房系统实现了多门店协同,库存周转率大幅提高,采购成本有所降低;标准化程序确保出品一致性,消费者投诉率降低至 0.5% 以下。

这种深度融合智能技术的厨房模式,正在重塑餐饮企业的生产方式和成本结构,为餐饮企业可持续发展提供了全新解决方案。

## 二、数智厨房的要素

在餐饮行业数字化转型的浪潮下,数智厨房作为智能化升级的核心载体,正在重塑传统餐饮的生产模式。要实现从传统厨房到数智厨房的成功转型,需要构建一个完整的要素体系,这个体系不仅包含硬件设备的智能化改造,更需要软件系统、管理流程和人才队伍的系统性升级。各要素之间相互支撑、协同运作,共同推动餐饮生产向标准化、智能化和高效化方向发展。

（一）智能硬件设备集群

**1. 自动化烹饪设备** 包括智能炒菜机、智能炸炉、智能蒸烤箱等核心烹饪单元(图 2-2-3)。智能炒菜机通过程序化控制实现标准化出品，能根据原料特性自动调节火候和翻炒频率；智能炸炉采用温度传感技术确保油炸品质稳定；智能蒸烤箱配备多段温控系统，可针对不同原料设置最佳烹饪曲线。这些设备显著降低了人工操作强度。

图 2-2-3　自动化烹饪设备示意图

**2. 物料处理系统** 主要由自动清洗设备、智能切配机和物料输送系统组成。自动清洗设备采用多重净化工艺，能有效去除原料表面杂质；智能切配机可根据预设程序自动调整切割方式和尺寸；物料输送系统可实现原料在各工序间的自动化流转，大幅提升工作效率。

**3. 环境控制系统** 包含智能通风装置、温湿度调节设备等。智能通风装置能实时监测并调节厨房空气质量；温湿度调节设备为原料储存和加工提供适宜环境。这些装置共同保障了厨房作业环境的舒适性和安全性。

（二）数字化管理平台

**1. 中央控制系统** 作为厨房的"智能中枢"，通过物联网技术实现设备互联互通，中央控制系统(图 2-2-4)可实时采集设备运行数据，自动优化任务调度方案，支持移动端远程监控，让管理者随时随地掌握厨房运营状态。

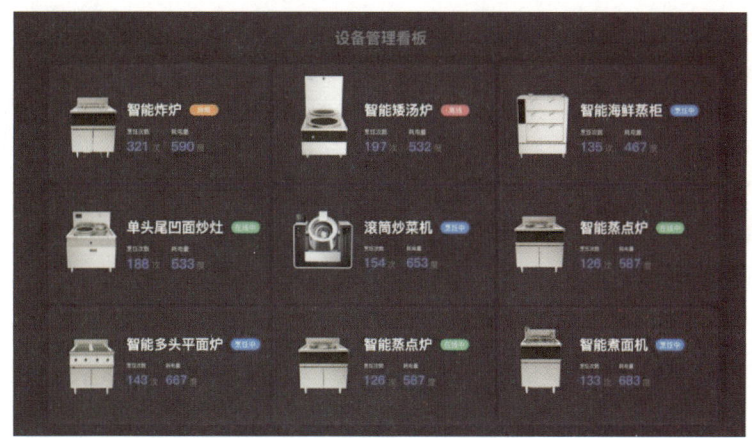

图 2-2-4　中央控制系统示意图

**2. 数据分析平台** 可整合订单数据、库存信息、设备运行日志等多维数据，并通过可视化看板直观展示关键运营指标(图 2-2-5)。数据分析平台内置的 AI 算法还可自动识别异常情况，为精细化管理提供决策依据。

**3. 智能决策系统** 运用大数据分析和机器学习技术，实现销量预测、智能排产和动态定价，可根据实时营业数据自动调整生产计划，使资源利用效率最大化(图 2-2-6)。

图 2-2-5 数据分析平台示意图

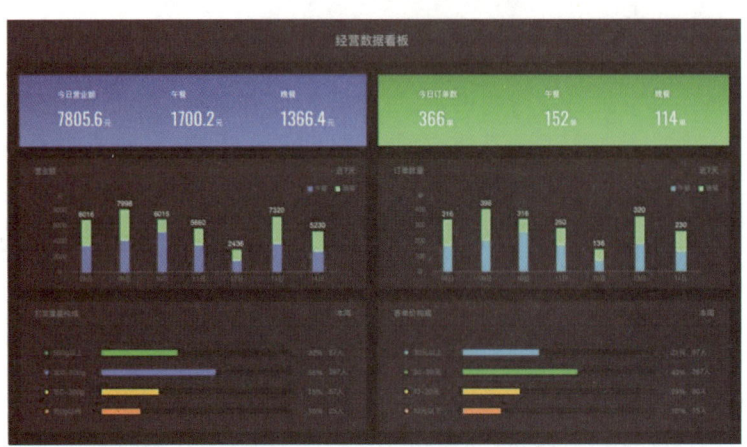

图 2-2-6 智能决策系统示意图

（三）标准化流程体系

**1. 数字化菜谱系统** 将烹饪工艺参数化、标准化，建立包含温度曲线、时间控制、调味比例等要素的精准配方库。系统支持菜谱的云端共享和版本管理，确保各门店出品高度一致。

**2. 全流程品控机制** 通过传感器网络和机器视觉技术，对原料验收、加工处理、烹饪制作等环节进行全程质量监控。系统可自动记录关键质量控制点数据，实现质量问题的可追溯。

**3. 智能运维体系** 建立基于设备健康状态的预测性维护机制。通过分析设备运行数据，提前发现潜在故障，制订最优维护计划，最大限度地降低设备停机风险。

（四）人才支撑体系

**1. 专业技能培训体系** 开发涵盖设备操作、基础维护、故障处理等内容的系统化培训课程。采用理论授课、模拟操作、现场实操相结合的培养模式，确保员工快速掌握新技能。

**2. 数字化能力培养** 重点提升员工的数据分析和系统操作能力。通过案例教学、实战演练等方式，培养员工运用数字化工具解决实际问题的能力。

**3. 复合型人才梯队建设** 建立涵盖操作层、技术层、管理层的立体化人才培养体系。注重传统烹饪技艺与数字化技能的融合培养，打造适应数智厨房的复合型人才梯队。

（五）系统集成方案

**1. 业务系统深度集成** 与ERP、CRM等管理系统实现数据互通，打通从采购、生产到销售的全业务流程；支持智能补货、动态排班等高级管理功能。

**2. 供应链协同优化** 通过供应链管理平台实现需求预测、智能订货和库存优化。基于销售数据自动生成采购计划,提升供应链响应速度和协同效率。

**3. 智慧服务接口** 对接线上点餐系统,支持个性化定制和智能推荐。通过分析消费数据优化菜单设计和服务流程,持续提升消费者体验。

这个完整的要素体系构成了数智厨房的核心架构,各要素之间相互协同、有机配合,共同推动餐饮生产模式向智能化、数字化方向转型升级。在实际建设中,需要根据餐饮企业的具体情况和发展阶段,制订差异化的实施方案,确保数智厨房建设取得实效(图 2-2-7)。

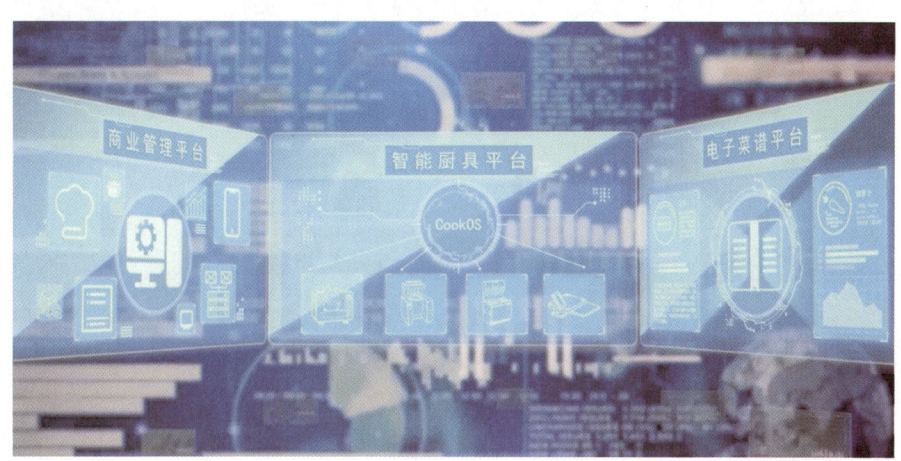

图 2-2-7 系统集成方案示意图

### 三、传统餐饮企业转型数智厨房的必然性

(一)应对行业挑战的必然选择

当前餐饮行业正面临人力成本持续攀升、原料价格波动加剧、消费者需求多元化等多重挑战。传统厨房模式高度依赖人工操作,不仅效率低下,还存在出品质量不稳定、管理粗放等问题。

数智厨房(图 2-2-8)能够通过自动化设备替代重复性劳动,显著降低对人力的依赖性;通过智能系统优化原料使用,减少浪费;通过数字化管理提升运营效率。这是餐饮企业在激烈市场竞争中保持优势的必然选择。中国餐饮协会的调研结果显示,采用数智厨房的餐饮企业平均人力成本占比可降低 15~20 个百分点。

图 2-2-8 数智厨房示意图 2

### (二) 提升经营效益的关键路径

数智厨房通过智能化、数字化手段实现精细化运营,为餐饮企业创造了多重价值。

(1) 自动化设备可以确保出品质量稳定,提升消费者满意度。

(2) 智能排产系统可以优化产能配置,提高设备利用率。

(3) 数据驱动的管理决策可以帮助餐饮企业降低运营成本。

这些改进可直接转化为经营效益的提升。某知名连锁餐饮企业案例显示,在完成数智厨房改造后(图 2-2-9),其单店运营效率提升超过 30%,原料损耗率显著下降。更重要的是,数智厨房积累的运营数据将成为餐饮企业宝贵的数字资产,为其后续发展提供决策支持。

图 2-2-9  数智厨房改造示意图

### (三) 实现可持续发展的战略布局

数智厨房不仅能解决当下经营痛点,更是面向未来的战略投资。随着年轻一代餐饮从业人员对工作环境要求的提高,智能化、数字化的厨房更能吸引和留住人才。标准化、可复制的生产模式可为餐饮企业连锁扩张奠定基础。数据积累和分析能力也将助力产品创新和服务升级。这些优势使数智厨房成为餐饮企业实现长期可持续发展的基础设施。

餐饮行业专家预测,未来 3~5 年数智厨房将成为头部餐饮企业的标准配置,并逐步向中小型餐饮企业渗透,最终重塑整个餐饮行业的生态格局。

## 四、数智厨房从业人员的职业素养

随着餐饮行业智能化转型的深入推进,数智厨房对从业人员的职业素养提出了新要求。作为现代餐饮专业人才,不仅要掌握传统烹饪技艺,更要具备智能烹饪设备操作与维护能力、数字化管理与分析能力等多维度的综合能力。本部分将从技术能力、管理素养、专业发展等维度阐述数智厨房从业人员应当具备的核心职业素养,为专业人才培养提供明确方向。

### (一) 智能烹饪设备操作与维护能力

**1. 设备操作能力**　需要系统掌握智能烹饪设备的标准操作规程,能够根据原料的不同特点熟练掌握相应设备的核心操作逻辑(图 2-2-10)。

**2. 维护保养技能**　具备设备日常维护保养的专业知识,能够完成基础故障诊断和简单维修,保障设备持续稳定运行。

**3. 技术适应能力**　保持持续学习的态度,及时掌握新型智能烹饪设备的操作要领,适应技术迭代升级。

图 2-2-10　掌握设备操作能力

（二）数字化管理与分析能力

**1. 系统应用能力**　熟练操作厨房智能管理系统，能够准确解读系统生成的各类数据报表和分析图表。

**2. 数据分析思维**　具备基础的数据分析能力，能够通过分析运营数据发现问题，并提出针对性的优化建议。

**3. 流程优化意识**　理解数字化管理的基本逻辑，主动参与工作流程的持续改进和优化。

（三）复合型专业素养

**1. 专业基础能力**　保持对传统烹饪工艺的深入理解，以开放的心态学习智能烹饪设备的操作与维护。

**2. 创新研发能力**　善于运用智能烹饪设备开展菜品创新研发，在标准化生产中体现个性化特色。

**3. 团队协作能力**　具备良好的跨部门沟通协调能力，能够与技术、采购等部门高效配合。

（四）可持续发展能力

**1. 终身学习能力**　拥抱新技术，以开放的学习态度，建立系统的专业知识更新机制，持续提升专业素养。

**2. 管理发展潜力**　具备从操作层面向管理层面发展的潜力，能够承担团队管理职责。

**3. 质量安全意识**　将标准化操作规范内化为职业习惯，确保食品安全和出品质量。

## 任务三　解析智能烹饪技术

扫码看视频

### 任务目标

1. 了解智能烹饪技术在原料处理方面的应用。
2. 了解智能烹饪技术在设备协作方面的应用。
3. 了解智能烹饪技术在火候控制方面的应用。
4. 了解智能烹饪技术在调味配比方面的应用。
5. 了解智能烹饪技术在成品展现方面的应用。

## 任务导入

智能烹饪技术是以人工智能(AI)、物联网、传感器等技术为核心,重构传统烹饪全流程的创新体系。它通过原料处理智能化、设备协作互联化、火候控制精准化、调味配比数据化、成品展现多元化,将"经验型"烹饪流程转化为"可计算、可复现"的标准化流程。这一技术体系打破了传统烹饪对人工经验的依赖,以数据驱动实现效率提升与保持品质稳定,同时为个性化烹饪、健康饮食管理等场景提供了科技支撑,是现代厨房智能化升级的核心方向。

## 知识精讲

### 一、原料处理

在原料处理智能化方面,智能烹饪设备正以先进技术重塑传统流程,显著提升了处理效率与精度。其要点主要体现在以下几个关键环节。

#### (一)精准识别与分拣

基于 AI 决策控制分拣设备(如机械臂、气动喷阀),按预设标准(如大小、成分含量)完成原料的自动化分拣。如对植物性原料(如谷物、果蔬、茶叶等)的种类鉴别、品质分级(按成熟度、色泽、瑕疵率等)及污染物检测(如检测霉变、虫害、农药残留等)。

#### (二)高效清洗与去皮

多功能清洗机通过水泵喷射涡流配合底部气泡使缸内物料不断地翻滚,从而去除物料表面杂质、污垢,可清洗切割后的蔬菜、瓜果、肉类等。高压去鳞机可以去除鲈鱼、三文鱼、金鲳鱼、白鲢鱼、花鲢鱼、草鱼、大黄鱼等各种鱼类的鱼鳞,解决了人工去鳞速度慢和不均匀的难题;高压去鳞机还可以保护鱼头的外观,不损伤鱼肉,保证鱼肉品质。

#### (三)精细切割与成型

智能化刀工的操作精度与处理效率,不仅直接影响原料的形态美感、口感质地,更在标准化生产、传统技艺传承以及烹饪创新发展等层面发挥着深远作用。如香肠切花机配备有智能化的控制系统,操作简单便捷,用户只需设定好切割参数,即可实现自动化切割,大幅提高了生产效率。

#### (四)智能计量与配料

智能设备搭载高精度重量传感器与自动配料系统,可依据菜谱或生产标准,精确称取各类原料。在制作蛋糕时,智能烘焙设备能精准称取面粉、糖、鸡蛋等原料,确保配比精准无误,避免了人工称量可能出现的误差,保证每一批次产品口味与质量的稳定。部分先进智能设备还能通过扫描原料条码,自动匹配预设配方,若原料错误或批次不符,会立即触发报警系统并暂停流程,从源头杜绝错料问题。

### 二、设备协作

智能烹饪设备的协作互联,即通过物联网(IoT)、云计算及数据互通技术,将独立设备整合成高效协同的智能厨房生态系统。

#### (一)互联技术基础

**1. 通信协议标准化** 设备间通过 Wi-Fi、蓝牙 Mesh 或 ZigBee 等协议实现数据交互,部分高端

系统采用工业级 OPC UA 协议确保稳定性。例如,智能蒸烤箱与中央控制系统通过 MQTT 协议实时同步温度曲线,使延迟低于 50 ms。

**2. 云平台数据中枢** 设备数据上传至云端服务器,形成"原料库存-菜谱推荐-烹饪日志"数据库。如海尔智慧厨房管理系统,用户通过 APP 扫描冰箱原料条码,云端算法便可自动推送匹配菜谱,并同步至智能炒菜机、智能蒸烤箱等设备。

（二）设备联动场景

**1. 原料全流程追踪**

（1）智能清洗及检测设备→预处理设备:智能清洗设备按照预设标准完成植物性原料或动物性原料清洗程序后,原料经检测合格便可进入预处理设备,开始下一阶段的加工环节。

（2）预处理设备→烹饪设备:智能切菜机完成原料切割与成型后,便将原料投入智能炒菜机,减少了人工转运损耗。

**2. 多设备协同烹饪** 如智能炒菜机+智能慢煮机:在烹饪红烧排骨时先用智能炒菜机炒制排骨,再将炒制后的排骨放入智能慢煮机焖烧。

**3. 餐后智能收尾**

（1）烹饪设备→洗碗机:烹饪加工过程结束后,智能洗碗机即启动预清洗程序,根据餐具材质（如陶瓷、玻璃）自动调节水压与水温。

（2）垃圾处理设备联动:原料残渣通过管道直接输送至智能垃圾桶,垃圾分类系统自动识别厨余垃圾类型并称重,数据同步至环保监管平台。

（三）协同控制技术

中央控制系统配备触控屏或语音助手的厨房中控面板,可一键启动"套餐模式"。在多设备同时运行时,系统通过动态任务调度算法实现负载均衡,优化资源分配。如检测到智能蒸烤箱占用时,自动将烘焙任务调度至备用烤箱,并同步调整菜谱参数（如延长预热时间 1 min）。

中央控制系统中的故障自愈机制可实时检测设备的运行状态并在故障时启动相应的故障预警与维修指引,若某台设备故障（如智能炒菜机温度传感器失灵）,系统自动切换至备用设备接管任务,并通过 APP 推送故障预警与维修指引。

## 三、火候控制

通过多维度传感器、算法模型与执行机构的协同,突破传统人工经验局限,实现"温度-时间-原料特性"的动态匹配,达到火候控制的精准化。

## 四、调味配比

通过传感器、数据库与精准执行机构的协同,系统将传统"少许""适量"的模糊调味经验转化为可量化、可复现的数字模型,实现调味配比数据化。

（一）数据化调味的技术底座

**1. 高精度计量硬件**

（1）重量传感器:采用应变式称重模块（精度达 0.1 g）的智能设备（如智能调味机与智能炒菜机）,能实现调料的精准称量。例如,某品牌智能设备在制作鱼香肉丝时,可精准称量 15 g 白糖、10 g 香醋,误差控制在 0.3 g 以内。

（2）容积式计量泵:对于酱油、食用油等液态调料,系统采用伺服电机驱动齿轮泵的方案,以 0.05 毫升/脉冲的精度控制流量。实验表明,该技术可使油醋汁配比误差从人工操作的 8% 降低至 1.5%。

(3) 视觉量取辅助:部分设备搭载摄像头,通过图像识别技术实时监测调料罐刻度线,结合算法智能推算单次取用量,并在余量不足时自动触发补料提醒。

**2. 风味数据库构建**

(1) 标准化菜谱模型:收集数万道传统菜谱的调味数据,构建"菜系-菜品-调料"三维数据库。以川菜"麻婆豆腐"为例,其参数化描述包含豆瓣酱(50 g)、花椒粉(3 g)、蒜末(10 g)等21种调料的标准配比,并整合地域变体特征(如成都版偏辣、重庆版偏麻)。

(2) 原料-调料关联算法:通过机器学习分析原料特性与调味适配性。如系统识别到原料为"三文鱼"时,自动推荐"柠檬汁(5 mL)+黑胡椒(1.2 g)+橄榄油(8 mL)"的经典搭配,并根据用户口味偏好(清淡/浓郁)动态调整比例。

(3) 健康需求适配模型:内置《中国居民膳食指南》数据,支持低盐(每日5 g以下)、低糖(每日25 g以下)等模式。当用户选择"减脂餐"时,系统自动将沙拉酱用量减少40%,或替换为低卡酸奶酱。

**3. 智能交互系统**

(1) 一键调味模式:用户通过触控屏或语音指令选择菜谱,设备自动调取预设调味方案,无须手动称量。实测显示,该模式可使调味效率提升70%,尤其适用于连锁餐饮企业的标准化出品。

(2) 自定义调味引擎:高级用户可通过APP修改调料比例(如"增加20%辣椒"),新方案会同步至云端并生成个性化菜谱。某品牌数据显示,用户自定义方案中,"少糖"需求占比达38%,"多辣"占比达27%。

### (二) 调味数据化的核心场景

**1. 中餐标准化调味** 智能炒菜机搭载"中央味料仓",包含24个调料罐(含生抽、老抽、蚝油等),各调料罐通过管道与电磁阀门连接。以菜品"鱼香肉丝"为例,系统接收到菜谱指令后,会依次打开糖罐(15 g)、醋罐(12 g)、豆瓣酱罐(20 g)等,调料经螺旋输送器落入搅拌碗内混合;内置pH传感器实时检测酱汁酸碱度,若pH偏离标准区间(4.5~5.0),系统将自动补加醋或糖进行调节。

**2. 西餐精准调味** 低温慢煮设备配套智能调味盒,支持分子级调味。例如,制作法式红酒酱时,系统按1:3:0.5(红酒:牛肉汤:黄油)的比例精准混合液体原料;流变仪可实时监测酱汁黏度(目标值800 mPa·s),若检测值超出目标值±5%范围,系统将自动补加淀粉(增稠)或奶油(调稀)调整质地。

**3. 烘焙定量调味** 以智能面包机的"黄金比例算法"为例,系统在确定面粉用量(500 g)后,自动计算并添加水(280~300 mL,根据面粉吸水率调整)、酵母(5 g)、盐(8 g);湿度传感器实时监测面团含水率(目标值为58%~62%),若检测值偏离目标值,系统将自动补水或补面粉,以确保面包成品蓬松度一致。

**4. 健康餐定制** 如针对糖尿病患者的智能配餐机:系统根据用户输入的血糖值、体重、活动量等数据,通过算法生成单日营养素摄入上限(钠<2000 mg,糖<25 g,脂肪<60 g)。制作晚餐时,系统会自动控制酱油用量,拒绝添加白砂糖,并用代糖替代。

## 五、成品展现

通过机械自动化、数字技术与美学设计的融合,突破传统摆盘的创意边界,实现"视觉-味觉-文化体验"的多维升级,达到成品展现多元化效果。

### (一) 机械臂摆盘的精准美学

3D食物打印:通过挤压式打印头,将土豆泥、巧克力酱等可塑性原料按STL模型打印成花朵、几何图形等造型。如某品牌3D食物打印机可在10 min内完成"玫瑰花形牛排酱汁"的创作。

## （二）数字化呈现技术

### 1. AR/VR 场景叠加

（1）AR 菜品故事投影：智能餐盘内置 NFC 芯片，消费者用手机扫码后，系统通过 AR 技术在菜品上方呈现菜品起源动画，文字信息与餐盘中原料位置动态匹配，以提升消费者用餐文化体验（图 2-3-1）。

（2）VR 味觉联想系统：消费者佩戴 VR 眼镜品尝辣味菜品时，系统同步呈现火焰、火山等视觉元素；消费者品尝甜品时，则触发蓝天白云、花海等场景，通过味觉与视觉的多感官联动，增强风味感知。

### 2. 动态光影设计

（1）智能照明系统：餐台嵌入 RGBW 灯带，可根据菜品色调自动切换适配灯光。例如，呈现日料刺身时切换至冷白光以凸显原料色泽，搭配意大利面时则启用暖黄光以增强消费者食欲。系统色温调节范围为 2700～6500 K。

图 2-3-1　AR 菜品故事投影

（2）投影 mapping 技术：将菜品特写投影至餐盘边缘，如将牛排煎制时"滋滋冒油"的画面与实物动态叠加，打造沉浸式"视觉烹饪"体验。

## （三）材质与容器创新

### 1. 可食用装饰技术

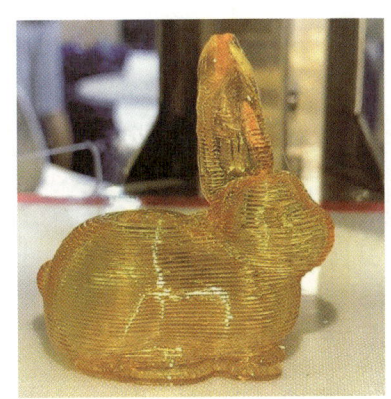

图 2-3-2　糖艺 3D 打印

（1）糖艺 3D 打印：智能糖艺机在 180 ℃下熔化蔗糖，通过 0.3 mm 喷嘴打印出镂空糖花，冷却后可直接作为甜品装饰，替代传统手工塑形，可节省约 2 h 制作时间（图 2-3-2）。

（2）可食用墨水喷绘：搭载 CMYK 四色墨盒的喷绘设备可使用天然色素（如甜菜红、姜黄）在面皮、巧克力等原料上喷印图案（如在饺子皮上印制生肖图案），实现"盘中作画"。

### 2. 智能容器交互

（1）温控餐盘：内置半导体制冷/加热模块，可维持菜品温度（如寿司盘保持 10 ℃低温，热菜盘保持 60 ℃恒温），并通过 LED 灯环颜色变化提示温度状态（低于 10 ℃显蓝色，高于 60 ℃显红色）。

（2）感应式分餐器：在多人用餐场景中，智能餐盘通过重量传感器感知夹取动作，自动旋转至下一位用餐者，并在配套 APP 中同步生成菜品流转记录，使分餐过程更具仪式感。

## （四）文化与可视化呈现

### 1. 地域文化复现
节日主题设计：如春节自动搭配红色糯米丸子（直径 2 cm）、金色糖珠（间距 5 mm），并在餐盘边缘投影烟花动画；圣诞节推出"姜饼屋 3D 打印套餐"，机械臂可在 15 min 内完成饼干组装与糖霜装饰。

### 2. 健康可视化呈现
营养成分投影：智能餐盘通过 RFID 技术自动读取原料标签，将热量（kcal）、蛋白质（g）、脂肪（g）等数据以环形图表形式投影至餐盘空白区域，消费者可直观查看每餐营养结构。

项目三

# 认知人工智能与烹饪应用

扫码看课件

扫码看视频

任务一 辨析人工智能的概念

### 任务目标

1. 了解人工智能及其在烹饪领域的应用。
2. 了解人工智能的发展历程,包括图灵测试、达特茅斯会议和三次浪潮。
3. 掌握数据集在人工智能中的基础作用、数据的形式以及数据采集、处理方法。
4. 掌握机器学习的基本概念、工作过程以及在烹饪中的妙用。
5. 将图灵测试引入烹饪领域,评估 AI 炒菜机器人的技术功能、烹饪表现,探讨其是否具备与人类厨师相当的烹饪能力。

### 任务导入

人工智能(artificial intelligence,AI)正在走进厨房,它能够记住海量食谱,并根据个人口味定制菜肴,从而提高烹饪效率,减少原料浪费,甚至可创造出全新的美食。那么,AI 是如何实现这些功能的?它又将如何改变我们的烹饪体验呢?

为了评估 AI 在烹饪领域的智能水平,借鉴图灵测试的理念,人们举办了一场烹饪对决,让 AI 炒菜机器人与人类厨师一较高下。在这场对决中,人们通过比较 AI 炒菜机器人与人类厨师的烹饪效率、菜品质量以及盲测结果等指标,来判断 AI 炒菜机器人是否能够达到与人类厨师难以区分的水平。以下将逐一做简要介绍。

 知识精讲

#### 一、人工智能概述

想象一下,在你的厨房里,有一个"超级学徒"或"万能调料师"正在默默学习。它不仅能记住成千上万种食谱,还能根据消费者的口味偏好,精准地"调制"出最佳组合。这个学徒就是 AI,一个正在悄然改变烹饪界的强大技术和工具。与其说 AI 是冰冷的机器,不如将它比作一位拥有海量知识和经验的烹饪大师,随时准备为你提供帮助。

(一)AI 如何融入你的烹饪实践

AI 正在以多种方式渗透到日常烹饪和餐饮企业的各个环节。你是否曾为计算菜品的成本而头疼?是否希望快速找到特定原料的所有替代品?是否想根据手头现有原料自动生成新菜谱?这些

问题AI都能解决。它就像一位经验丰富的厨房管理员,能分析消费者点单数据,预测哪些菜品更受欢迎,帮助优化菜单,减少浪费;它能根据历史销售数据和天气预报,智能预测所需原料数量,自动生成采购清单,避免缺货或库存积压;它还能分析消费者的口味偏好和过敏信息,在点餐系统或餐厅APP中智能推荐合适的菜品。

为了更直观地介绍AI在烹饪中的应用,下面以一个具体的场景为例。

(1)整理原料清单。

想象一下,你是一位热爱烹饪的学生,计划周末烹饪美食,却不知道从何下手。这时,你打开了手机上的"智能食谱APP"(这类APP是由专业的食谱平台开发的)。这个APP连接了你的智能冰箱,它可以识别冰箱里的牛肉、西蓝花、大蒜和生姜等原料。当然,APP自带AI图像识别功能,你随手拍一张冰箱或储物柜内的照片,它也能帮你快速整理出一份详细的原料清单(表3-1-1)。

表3-1-1 原料清单

| 原料类别 | 原料名称 | 数量 | 备注 |
| --- | --- | --- | --- |
| 肉类 | 牛肉 | 约500 g | 上周购买,已解冻 |
| 蔬菜 | 西蓝花 | 2个 | 新鲜,头部完整 |
|  | 大蒜 | 5个 | 新鲜 |
|  | 生姜 | 2块 | 新鲜 |
| 主食/面食 | 大米 | 半袋 | 昨天购买 |

(2)推荐"西蓝花炒牛肉"。

"智能食谱APP"能够知晓你的操作记录,如你搜索过"快手炒菜",收藏过"家常小炒"的菜谱,以及评价过"土豆丝"非常好吃。

当你在APP中输入"想吃牛肉,但想尝试点新做法"后,AI推荐系统开始工作。它运用机器学习模型,综合原料的搭配原则、你的口味偏好、营养结构需求,以及你对复杂烹饪步骤的接受程度,精准地推荐了"西蓝花炒牛肉"这道菜(图3-1-1),并同步提供详细的制作步骤和视频教程。该推荐既利用了你已有的原料,又满足了你的口味偏好和健康需求,还为你拓展了烹饪思路。

图3-1-1 AI生成的"西蓝花炒牛肉"

(3)烹饪"西蓝花炒牛肉"。

你决定采纳这个建议,开始准备。当你拿出那块牛肉时,你心里有点没底,不确定它的具体部位和需要炒多长时间。你想起你的智能炒菜锅有"智能炒菜"功能。于是,你打开智能炒菜锅配套的APP,将牛肉的照片上传了上去。APP另一端的AI系统立刻开始分析:计算机视觉模型识别出这是牛肉,估测了它的部位和厚度,并结合内置的肉类数据库和用户输入的"爆炒"偏好,计算出最佳的油温、火候和炒制时间。AI甚至考虑了图片中牛肉的颜色,对可能的新鲜度给出了提示。你按照AI的建议设置好炒菜程序,心里踏实多了。

按照APP推荐的程序,牛肉炒得恰到好处,西蓝花按APP推荐的焯水方案处理后也变得清脆爽口。你忍不住在社交媒体上分享了自己的成果,并写下:"强烈推荐大家试试这道西蓝花炒牛肉,牛肉鲜嫩,西蓝花爽脆,口感绝佳!"

(4)AI与烹饪融合应用。

在你享用美食的同时,一些你无法直接看到的应用也在发生。你常去的那家餐厅,它的主厨和经理也在应用AI。他们分析着海量的消费者数据：消费者点了哪些菜，在线评论里消费者最喜欢哪个菜品、觉得哪个菜品不够惊艳，社交媒体上正流行哪些新奇的原料组合等。AI通过自然语言处理理解评论的褒贬，通过数据分析预测哪些菜品可能会在下一个季节更受欢迎。基于这些数据，餐厅优化了菜单，比如增加了你这次非常喜欢的"西蓝花炒牛肉"的供应，或者正在研发一道当前流行的新菜品。

从你手机上的"智能食谱APP"到智能炒菜锅，再到餐厅后台的数据分析，这些看似神奇的功能背后，都是AI技术的广泛应用。它们不仅仅是炫技，更是实实在在地提升了烹饪效率、激发了人们的创造力，并持续改善着每个人的餐饮体验。AI，这位"超级学徒"或"万能调料师"，正悄然改变着烹饪的世界。这些生动的例子不仅拉近了AI与烹饪的距离，也为我们理解AI提供了一个直观的入口：AI的核心在于让机器模仿人类的某些智能行为，如学习、推理和解决问题，从而完成特定任务。

（二）AI是如何完成这些看似"智能"的行为的

**1. 机器学习** 一个关键的驱动力就是机器学习（machine learning, ML）。机器学习是AI的一个核心分支，其核心思想是让计算机系统通过"学习"数据，而不是通过显式编程，来改进其性能。简单来说，就像学习烹饪技巧一样，通过不断尝试、观察结果、总结经验，我们的技能会越来越熟练。机器学习也是如此，它通过分析大量数据（如成千上万的菜谱、用户评价、原料特性等），从中发现模式、规律和关联性，然后利用这些学到的知识来做出预测或决策。例如，推荐系统可以基于用户的浏览历史和评分数据，预测用户可能喜欢的菜谱。

**2. 深度学习** 在机器学习的基础上，深度学习（deep learning, DL）作为更强大的分支脱颖而出，它尤其擅长处理复杂、高维度的数据，如图像、声音和自然语言。深度学习的核心是人工神经网络（artificial neural network, ANN），它是一种模仿人脑神经元结构和功能的计算模型。这些网络由多层相互连接的节点（或称"神经元"）组成，能够通过学习大量数据中的层级特征，来执行复杂的任务。例如，深度学习模型可以"看懂"菜品图像，并识别出其中的原料构成、推断烹饪方式甚至评估整体的美感。如图3-1-2所示，深度学习作为机器学习的进一步延伸，位于底层，专注于使用多层神经网络（即深度神经网络）来模拟人脑的功能，在处理大规模数据时具有卓越性能。

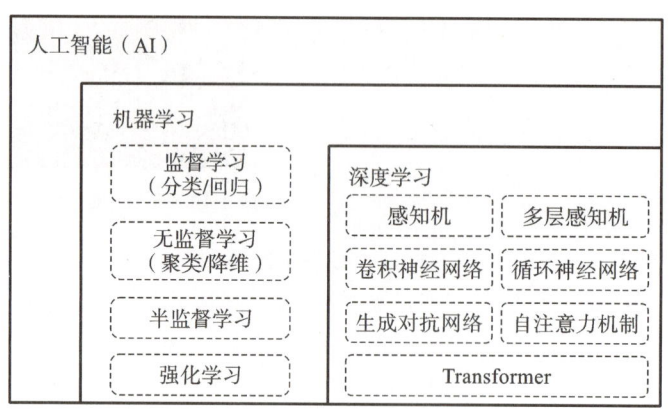

图3-1-2 AI技术体系结构图

**3. 大模型** 传统的深度学习模型存在一些局限性，如需要大量的标注数据和强大的计算资源。为了克服这些局限性，近年来，基于深度学习的"大模型"（large model），特别是大型语言模型（LLM），更是取得了突破性进展。通过海量多模态数据（文本、图像等）训练，这些模型不仅能够理解和生成自然语言，还能进行复杂的推理、创作和翻译，驱动了AI在内容生成、智能交互等领域的革命。

**4. AI技术应用** 作为这些技术的具体应用之一，智谱清言的ChatGLM就是一个基于大型语言模型的多模态 AI 平台，它能够理解文字和图像信息，并根据用户的指令执行相应的任务。下面应用 ChatGLM 进行举例说明：上传一张西红柿炒鸡蛋的照片（图 3-1-3），并下达指令，要求 AI 识别出图片中的原料、烹饪方式并评估菜品的整体美感。

AI 处理这张图片，并生成一份描述。从它给出的回复内容可以清晰地看到，AI 输出的内容（图 3-1-4）符合我们提出的要求。

图 3-1-3 西红柿炒鸡蛋

（三）AI 的行动者

这些强大的 AI 技术是如何与我们的烹饪实践联系起来的？答案就是智能体（intelligent agent）。智能体是能够感知环境并采取行动以实现特定目标的实体或程序。它可以是一个软件程序，也可以是一个机器人，甚至可以是一个虚拟助手。在烹饪领域，智能体可以是以下几种形式。

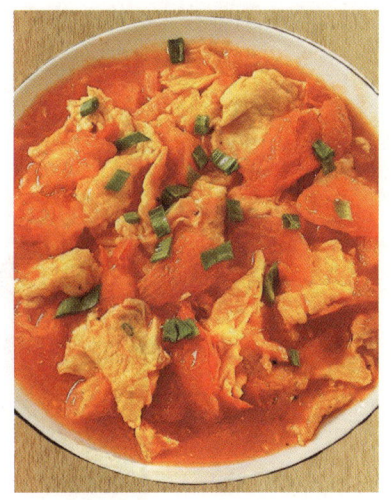

ChatGLM

这张图片展示了一道经典的中式菜肴——西红柿炒鸡蛋。以下是这道菜的详细描述：

**食材：**

1. **鸡蛋**：图片中可以看到金黄色的鸡蛋块，鸡蛋经过煎炒后呈现出松软的质地和诱人的色泽。
2. **西红柿**：红色的西红柿块与鸡蛋混合在一起，西红柿看起来新鲜多汁，部分西红柿已经被炒得稍微软化，释放出红色的汤汁。
3. **葱**：绿色的葱段撒在菜肴的表面，作为点缀和增香。

**烹饪方式：**

- **炒制**：这道菜主要通过炒的方式来制作。首先，鸡蛋被打散后在锅中煎炒成块；接着，西红柿被加入锅中，与鸡蛋一同翻炒，直到西红柿出汁并与鸡蛋充分融合。
- **调味**：虽然图片中没有直接显示，但通常这类菜肴会加入盐、糖和一些其他调味料来提升风味。

**整体美感：**

- **色彩**：这道菜的色彩非常鲜艳，红色的西红柿和黄色的鸡蛋形成了强烈的对比，再加上绿色的葱段点缀，整体看起来非常诱人。
- **质地**：鸡蛋的松软和西红柿的多汁形成了质地的对比，增加了菜肴的层次感。
- **摆盘**：菜肴被盛放在一个白色的盘子里，简洁的摆盘使得食材的颜色更加突出，整体看起来干净整洁。

这道西红柿炒鸡蛋不仅色泽鲜艳、口感丰富，而且营养丰富，是一道非常受欢迎的家常菜。

图 3-1-4 ChatGLM 的回答

（1）智能推荐系统。

就像刚才为你推荐菜谱的系统即“智能食谱 APP”，它是一个智能体。它感知到你提供的原料、口味等信息，并采取行动（推荐菜谱）来满足你的需求（做出美味佳肴）。

（2）智能炒菜锅的控制系统。

你只需上传一张牛肉照片，它便会借助计算机视觉技术，识别出牛肉的部位、厚度与颜色。结合你选择的“爆炒”方式，它可精准计算出最佳油温、火候及炒制时间，助你轻松炒出美味的牛肉。

（3）餐厅的后台管理系统。

它通过分析消费者的点单数据、历史销售数据等，采取行动（如调整库存、优化菜单）来提高餐厅的运营效率。

简而言之，智能体是 AI 的“行动者”，它让 AI 不再是抽象的概念，而是能够真正与环境互动、解决问题的实体。在未来的厨房中，将出现更多形态各异的智能体，它们将成为我们烹饪过程中的得力助手，甚至可能成为我们的烹饪伙伴。

Note

（四）未来的厨房，AI 将无处不在

AI 是未来厨师的对手，还是伙伴？当 AI 在未来厨房（图 3-1-5）"烹饪"时，它会创造出什么样的新味道？让我们一同探索这个充满无限可能的未来，让 AI 成为我们烹饪过程中的得力助手，共同创造更加美味和精彩的未来。

图 3-1-5　AI 生成的"未来厨房"

## 二、人工智能的发展

AI 听起来"高大上"，但它的发展其实就像我们学习烹饪一样，是一个不断探索、尝试、迭代的过程，也经历过失败期和瓶颈期。它的概念和理论发展经历了漫长的探索历程，这场探索的序幕，可以追溯到 20 世纪中叶——一个充满变革与挑战的时期。

（一）图灵测试

在第二次世界大战期间，英国数学家艾伦·图灵（Alan Turing）以其非凡的洞察力，提出了"图灵测试"这一革命性的概念。他设想：若一台机器能表现出与人类无异的智能行为，如进行自然对话并使人无法分辨对话者是人还是机器，即可认定其是有智能的。这就是他提出的"图灵测试"，如图 3-1-6 所示。

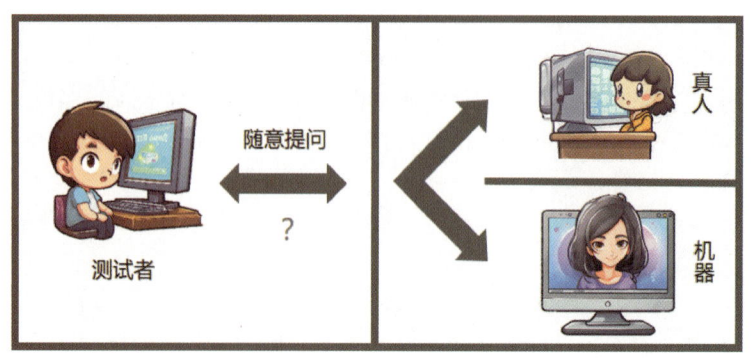

图 3-1-6　图灵测试

虽然图灵测试本身并非一个具体的算法，但它为衡量机器是否智能提供了一个重要的思想框架,激发了人们对"机器能否思考"这一哲学命题的深入思考。图灵的远见卓识为 AI 的发展奠定了重要的思想基础,他的工作不仅为 AI 领域提供了理论指导,也点燃了无数科学家投身于这个充满挑战与无限可能的领域的热情。

（二）达特茅斯会议

1956 年,在新罕布什尔州的达特茅斯学院召开了一场具有里程碑意义的会议,这次会议正式确立了"人工智能"这一概念。来自数学、心理学、神经学等领域的科学家们汇聚一堂,共同探讨如何让机器模拟人类智能（图 3-1-7）。

图 3-1-7　达特茅斯会议参会人员

会议期间,约翰·麦卡锡（John McCarthy）首次提出了"人工智能"这一术语,并得到了马文·闵斯基（Marvin Minsky）、纳撒尼尔·罗切斯特（Nathaniel Rochester）和克劳德·香农（Claude Shannon）等参与者的大力支持。该会议标志着 AI 作为一门独立学科的诞生。这次会议不仅为 AI 的研究确立了明确的方向和目标,更汇聚了学界的顶尖科学家,为 AI 的早期发展注入了强劲动力,开启了 AI 研究的黄金时代,仿佛为这门新兴学科插上了腾飞的翅膀。

（三）三次浪潮

AI 的发展历程,就像一道菜品的烹饪过程,经历了若干关键阶段。我们可以清晰地划分出三次引人瞩目的浪潮,每一次浪潮都伴随着技术的重大突破和理论的创新,也反映了 AI 研究在不同阶段的关注点和挑战（图 3-1-8）。

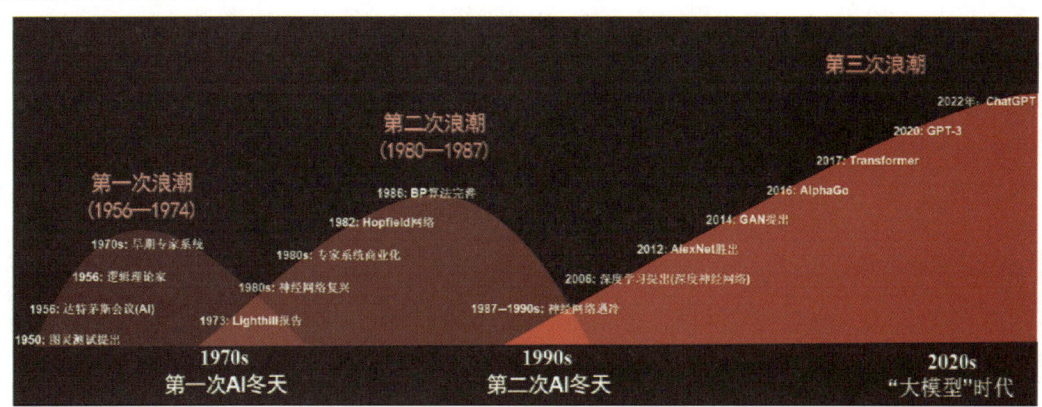

图 3-1-8　AI 的三次浪潮

**1. 第一次浪潮:规则与逻辑的"尝试"** 这一阶段的研究者试图通过预设规则和逻辑(例如"若原料为 X,温度为 Y,则烹制时间为 Z")来模拟人类思维,其理念正如用精确的菜谱复制顶级厨师的技艺。他们认为,只要规则足够完备精确,机器便能拥有人类般的智能。

但研究者很快发现,现实太复杂了!许多厨师凭借经验便能轻松判断的情况(如"观色泽、闻香气即可知生熟"),仅靠简单规则却难以精准描述。加之当时计算机的"头脑"尚不发达(计算能力有限),该方法很快陷入瓶颈。这导致 AI 研究进入了一段低谷期——就像厨师反复尝试配方却屡屡失败一样,最终不得不进入调整阶段。

**2. 第二次浪潮:模仿大脑与专家"秘方"** 这一阶段的研究者开始尝试以下两种新方法。

(1) 模仿大脑:受到人脑神经元的启发,开始研究"神经网络",希望机器能像人脑一样,通过连接和信号传递来学习。

(2) 专家"秘方":像我们收集厨师的独家秘方一样,尝试把某个领域(如医学诊断、下棋等)专家的知识和经验,变成计算机能懂的规则,做成"专家系统"。

这一阶段虽然取得了一些成果,但神经网络的"学习能力"有限,专家系统也难以覆盖所有情况和更新知识,因此这个浪潮也没能持续太久。

**3. 第三次浪潮:大数据与"深度学习"的"大爆发"** 进入21世纪,情况大不一样了!如同现代烹饪研究可依托海量菜谱、消费者反馈与市场数据,AI 领域也迎来了大数据时代。在计算能力(算力)的提升与深度学习算法突破的双重驱动下,机器得以从庞杂数据中自动习得模式识别与决策能力,其过程正如人类厨师通过反复实践精进厨艺。

这次浪潮让 AI 真正"火"了起来!它的能力边界不断拓展,越来越像我们期望中的"智能":既能理解语言(语音识别)、看懂图片(图像识别,如识别原料)、与人自然对话(自然语言处理),又能驾驶车辆(自动驾驶)等。AI 就像一位日益全能的助手,正渗透到我们生活的方方面面,重塑着我们的世界。

AI 发展的三次浪潮犹如烹饪技艺的进化史,每一次都有新的尝试、新的突破,也遇到了新的挑战。从最初的规则设定,到模仿大脑,再到现在的深度学习,AI 研究者一直在努力让机器变得更"聪明",更接近人类的智慧。每一次的起伏,都为 AI 的发展积累了宝贵的经验,推动着它不断前进,就像厨师不断追求更高水平的烹饪技艺一样。

### 三、数据集

**(一)数据的基础作用和形式**

**1. 数据的基础作用** 数据是 AI 系统的核心组成部分,指通过观察、测量或记录获得的原始信息,可以是数字、文本、图像、音频、视频等形式,类似于烹饪中的原料。AI 模型在训练、验证和优化的过程中依赖数据,通过分析数据中的规律和特征,构建识别、预测或决策能力(图3-1-9)。因此,数据的质量直接影响模型的性能和可靠性。

**2. 数据的形式** 在 AI 的应用场景中,数据如同烹饪所需的各类原料,需要根据其组织形式采取不同的处理方法。结构化数据如同经过精确配比的标准化食谱,所有信息都按照严格分类排列,如表3-1-2所示。例如烘焙配方中明确标注的面粉用量、烤箱温度和时间参数,连锁餐厅的原料库存表,每个数据项都占据固定位置,这种高度规范化的特性使其非常适合用于中央厨房管理系统或食品营养成分分析。但这类数据的局限性也显而易见,当遇到传统菜谱中"盐少许""火候适中"等模糊描述时,其刚性结构就难以适应。

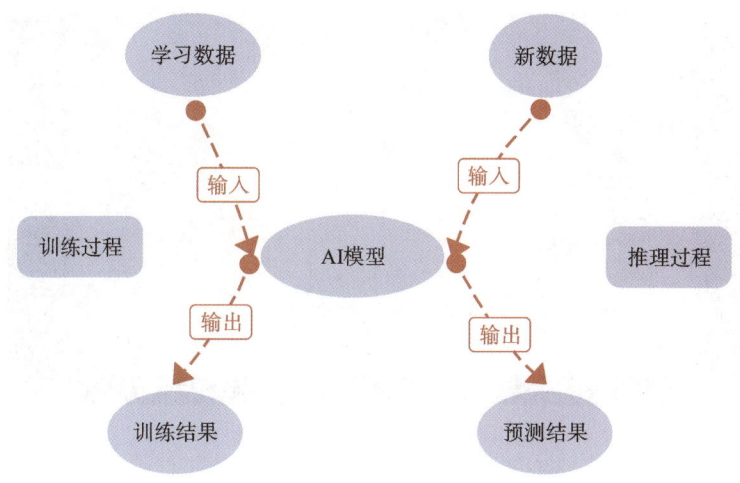

图 3-1-9　数据在 AI 中的基础作用

表 3-1-2　结构化数据(表格)

| 菜品名称:清炒土豆丝 | | | |
|---|---|---|---|
| 原料 | | 原料名称 | 用　　量 |
| | 主料 | 土豆 | 2个(中等大小,约 300 g) |
| | 辅料 | 食用油 | 2汤匙 |
| | | 香葱 | 1根 |
| | 调料 | 盐 | 3 g |
| 制作方法 | 步骤 1 | 土豆去皮并切成细丝,香葱切段备用 | |
| | 步骤 2 | 锅中烧水,水沸后加少许盐和食用油,放入土豆丝焯水 10～15 s,捞出过凉水沥干 | |
| | 步骤 3 | 锅中加 2 汤匙食用油,转大火,倒入沥干水分的土豆丝,快速翻炒 1 min 至断生 | |
| | 步骤 4 | 加盐,撒葱段,翻炒几下即可出锅 | |

相较于结构化数据的秩序井然,非结构化数据更像是厨师自由创作的产物。它没有固定格式,既可能是灶台边手写的潦草笔记,也可能是记录着切菜技巧的烹饪视频(图 3-1-10),甚至是语音备忘录中的腌制诀窍。处理这类数据需要运用图像识别、语音分析等先进技术,就像智能菜谱应用能将视频自动分解为图文步骤,或是通过识别照片判断原料新鲜度。然而,处理此类数据的成本较高,不仅需要大量标注数据来训练 AI 区分"煎"与"炸"的油温差异,处理高清视频时对计算资源的消耗也如同长时间炖煮般持续耗能。

介于结构化数据与非结构化数据之间的半结构化数据,则如同预制菜组合包,在保持基本框架(如统一包装和核心配料)的同时留有调整空间(如增减配菜或调整烹饪时长)。Markdown 文件(图 3-1-11)就是典型的例子。"智能食谱 APP"中的食谱数据通常采用这种形式,标题和原料列表保持固定格式,而具体操作步骤可能包含个性化提示。这种灵活性在跨平台应用中尤为突出——同一份菜谱在电脑端显示详细步骤,在手机端则自动折叠简化。

这三种类型数据的协同运作构成了现代智能厨房的数字化基础。当图像识别系统(处理非结构化数据)检测出原料库存变化时,会联动结构化数据库更新采购清单,同时将操作记录写入半结构化的设备日志中。这种跨类型数据的融合能力,使得 AI 既能精确执行标准化流程,又能灵活应对厨房中的各种突发状况,如同经验丰富的主厨,既能严守经典配方,又擅长即兴创作。

(二) 数据采集

数据采集作为构建智能化系统的基础,需要系统整合多维度数据资源。在餐饮行业的应用场景

图 3-1-10　非结构化数据(视频)

```
**1.操作概述**
刀工：将片形原料切成细长的条或丝，截面均为正方形。酸辣土豆丝所需的丝是二粗丝，细约0.15 cm，
细如火柴棍，长短基本一致。切完的土豆丝可用清水浸泡，防止氧化褐变。将切配完成的土豆丝投入沸
水中焯水，不仅能够去除土豆本身的异味，还能够缩短烹饪时间。
炒制：对于每根长短、粗细一致的土豆丝，保持炒制过程中火候及时间的一致也是非常重要的。如前两道
工序均不能保持一致的话，土豆丝会出现成熟不一致、颜色不恰当的情况。
**2.准备工作**
![img01](/images/img01.jpg)
(1) 土豆清洗干净去皮，片厚保持在2 mm左右。
(2) 土豆切片，注意此时刀与砧板在垂直面上保持垂直。
(3) 在水平面上，刀、原料与砧板保持45°角。
(4) 切出的土豆片需片厚一致，间隔均匀。
(5) 土豆切丝，此时刀也需与原料在垂直面上保持垂直，在水平面上，刀、原料与砧板保持45°角。
(6) 切出的土豆丝需粗细均匀。
(7) 土豆丝用清水漂洗干净后捞出，沥干水分备用。
(8) 青椒去蒂去籽，切丝备用。
(9) 生姜切丝备用。
**3.焯水**
![img02](images/img02.jpg)
(10) 烧水，水中加入盐、味精；水沸腾后，加入土豆丝焯水。
(11) - (12) 将青椒丝置于网兜底部，土豆丝沥水时可用沸水将青椒丝烫熟。
**4.炒制**
(13) 倒底油，加入姜丝爆香。
(14) 加入土豆丝、青椒丝翻炒。
(15) 依次加入盐、白糖、味精调味；加入水淀粉勾芡，最后淋面油，快速翻炒均匀后起锅。
```

图 3-1-11　半结构化数据(Markdown 文件)

中，数据采集主要包含以下五类来源。

(1) 政府机构与科研平台提供的公开数据集。

例如农业部门的作物产量统计、营养学领域的原料成分数据库等，这类结构化数据为菜品营养分析与供应链优化提供了基础支撑(图3-1-12)。

(2) 通过自动化技术获取的外部数据，如编写 Python 代码采集美团、大众点评等平台的用户评价数据(图3-1-13)，通过浏览器插件监控生鲜电商的实时价格波动情况等。数据采集过程中需严格遵守网络协议规范，规避服务器负载过高的风险。

(3) 厨房智能设备产生的操作数据，涵盖智能蒸烤箱的温度曲线、冷链运输中的温湿度传感器数据等(图3-1-14)。此类数据对提升烹饪标准化具有重要价值，但需解决不同品牌设备的兼容性问题。

(4) 企业内部的业务系统数据，包括订单管理系统中的消费者偏好分析、库存系统中的损耗率统计。

(5) 用户在社交媒体分享的菜谱教程(图3-1-15)、餐饮平台的评分与图文评论，此类用户生成内

| 信息名称 | 农业农村部 国家卫生健康委 工业和信息化部关于印发《中国食物与营养发展纲要（2025—2030年）》的通知 | | | |
|---|---|---|---|---|
| 文　号 | 农科技发〔2025〕1号 | 生效日期 | 发布日期 | 2025年03月17日 |
| 内容概述 | 中国食物与营养发展纲要（2025—2030年） | | | |

## 农业农村部 国家卫生健康委 工业和信息化部关于印发《中国食物与营养发展纲要（2025—2030年）》的通知

发布时间：2025年03月17日　　　　字体：[大 中 小]

各省、自治区、直辖市人民政府，国家发展改革委、教育部、科技部、民政部、司法部、财政部、人力资源社会保障部、自然资源部、商务部、应急管理部、市场监管总局、国家粮食和储备局、国家林草局、国家中医药局、国家疾控局：

经国务院同意，现将《中国食物与营养发展纲要（2025—2030年）》印发给你们，请认真贯彻落实。

农业农村部　　国家卫生健康委　　工业和信息化部
2025年2月27日

附件：中国食物与营养发展纲要（2025—2030年）.pdf

图3-1-12　中华人民共和国农业农村部网站发布的公开资料

图3-1-13　大众点评用户评价数据示例

容（UGC）数据蕴含市场需求洞察，但需建立反作弊机制过滤虚假信息。

（三）数据处理

采集完数据后须进行预处理、数据清洗等工作，修正或剔除数据中的错误、冗余或不合理部分，以提升数据质量。例如，表3-1-3中的原始数据存在重复记录、单位不一致、缺失值、烹饪时间异常等问题。

图 3-1-14　厨房智能设备产生的操作数据

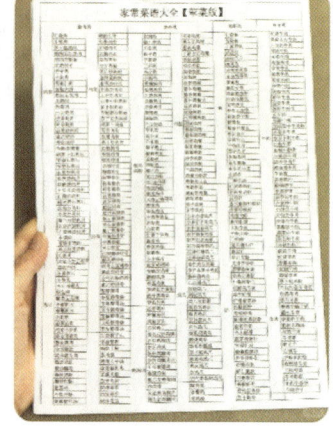

图 3-1-15　用户在社交媒体(小红书)分享的菜谱教程

表 3-1-3　原始数据

| 菜谱名称 | 原料 | 用量 | 烹饪时间 | 步骤 | 热量/kcal |
| --- | --- | --- | --- | --- | --- |
| 西红柿炒鸡蛋 | 西红柿、鸡蛋 | 2个，3颗 | 15 min | 1. 切西红柿；2. 打蛋；3. 翻炒 | 200 |
| 红烧肉 | 五花肉、生姜 | 500 g，1块 | 60 | 1. 焯水；2. 炒糖色；3. 炖煮 | 480 |
| 凉拌蔬菜 | 生菜、黄瓜、西红柿 | 1颗，半个 | — | 1. 洗净切块；2. 混合；3. 加酱汁 | 120 |
| 西红柿炒鸡蛋 | 西红柿、鸡蛋 | 3个，4颗 | 15 min | 1. 切西红柿；2. 打蛋；3. 翻炒 | 200 |
| 香煎鸡排 | 鸡胸肉 | 200 g | —20 | 煎至两面金黄 | 9999 |

针对表 3-1-3 中的原始数据,进行"去除重复数据""统一单位和格式""缺失值处理"等数据清洗工作,得到结构良好的数据,处理后结果见表 3-1-4。

表 3-1-4 数据清洗结果

| 菜谱名称 | 原料 | 用量 | 烹饪时间/min | 步骤 | 热量/kcal |
|---|---|---|---|---|---|
| 西红柿炒鸡蛋 | 西红柿、鸡蛋 | 300 g,150 g | 15 | 1. 切西红柿;2. 打蛋;3. 翻炒 | 200 |
| 红烧肉 | 五花肉、生姜 | 500 g,30 g | 60 | 1. 焯水;2. 炒糖色;3. 炖煮 | 480 |
| 凉拌蔬菜 | 生菜、黄瓜 | 150 g,75 g | 10 | 1. 洗净切块;2. 混合;3. 加酱汁 | 120 |

### 四、机器学习实现过程

#### (一)什么是机器学习

一位经验丰富的厨师为什么能做出那么美味的菜品?因为他见过无数种原料,尝试过无数种搭配,经历过无数次失败。他的大脑就像一个巨大的数据库,存储了各种味道、火候、原料特性等信息,并从中总结出了规律。比如,他知道放多少盐才能让汤味适中,知道需要炖多长时间才能使肉质软烂。

机器学习,简单来说,就是让计算机也拥有类似"学习"的能力。它不是通过编写"死板"的程序告诉计算机"如果……就……",而是给计算机大量的"数据",如不同菜谱的原料用量、烹饪时间、最终评价,让计算机自己从中找出规律,然后利用这些规律去解决新的问题,如预测新的菜品味道如何,或者推荐合适的烹饪时间。

机器学习的关键点如下。

(1)学习:不是"死记硬背",而是从数据中发现规律。

(2)数据:机器学习的"燃料",没有数据,机器学习就无法完成。

(3)计算机:执行"学习"任务的工具。

(4)规律:机器学习的结果,它代表了数据中的某种模式。

不妨将机器学习想象成一位烹饪学徒:无须手把手传授每道菜的工序,只需让它阅读成千上万份菜谱及对应评价,它便能在实践中逐渐掌握如何搭配原料才美味,如何控制火候才得宜。

简单来说,机器学习,就是让计算机通过学习大量的例子和经验,自主提升"智能"水平,能够具备类似人类的识别、判断和预测能力。其核心并非依赖预设的规则,而是让机器从数据中主动"学习"规律。就像烹饪学徒,无须死记硬背,而是通过反复实践掌握烹饪技巧。

#### (二)机器学习如何"工作"

机器学习虽然听起来有些神秘,但其工作原理实际上与我们学习新技能的过程有许多相似之处。为了更好地理解机器学习,我们可以将其"学习"过程划分为四个主要步骤:数据收集、数据分割、模型训练和模型测试。图 3-1-16 展示了机器学习的完整过程。

(1)数据收集。

首先,需要收集与问题相关的数据。如在预测红烧肉最佳炖煮时间的例子中,需要收集的数据可能包括红烧肉的重量、选用的原料类别(如五花肉或瘦肉为主)、具体烹饪方式(如使用高压锅或普通铁锅)等。

(2)数据分割。

接下来,将收集到的数据划分为两部分:训练集(training set)和测试集(testing set),可按 80%∶20%的比例分割。训练集用于训练机器学习模型,使其学习数据中的模式和关联,而测试集则用于评估模型的性能,确保其面对新数据时能够做出准确预测。

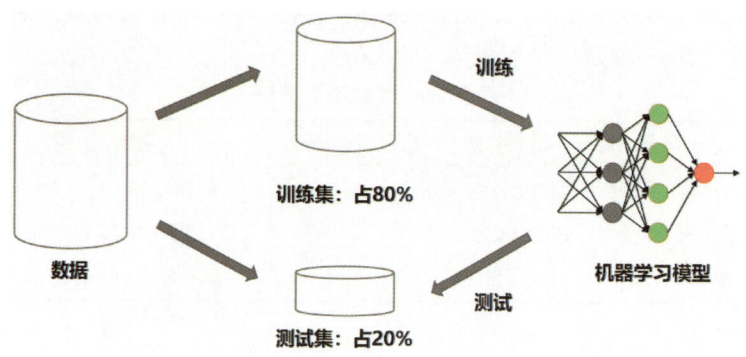

图 3-1-16　机器学习过程

(3) 模型训练。

使用训练集来训练选定的机器学习模型。模型通过分析训练集中的数据,学习如何根据输入特征(如重量、原料种类、烹饪方式)来预测输出结果(如炖煮时间)。

(4) 模型测试。

最后,使用测试集来评估模型的性能。通过将模型的预测结果与测试集的实际数据进行比较,可以评估模型的预测准确性和泛化能力,确保其在实际应用中能够可靠地做出预测。

(三) 应用示例

为了更具体地说明机器学习过程,现以"预测红烧肉的最佳炖煮时间"为例进行详细的过程说明。假设在炖煮红烧肉时,每次的炖煮时间都不太一样,有时会炖得过烂,有时又炖得不够软烂。为了找到一个最佳的炖煮时间,可以利用机器学习来帮助我们。

(1) 第一步:数据收集和分割。

记录不同条件下红烧肉的炖煮时间,整理为红烧肉炖煮时间数据表(表 3-1-5)。

表 3-1-5　红烧肉炖煮时间数据表

| 记录编号 | 猪肉重量/kg | 原料种类数(主料+辅料) | 是否使用高压锅(是=1,否=0) | 炖煮前是否焯水(是=1,否=0) | 预估最佳炖煮时间/min |
| --- | --- | --- | --- | --- | --- |
| 0 | 1.0 | 5 | 0 | 1 | 120 |
| 1 | 1.5 | 6 | 1 | 1 | 100 |
| 2 | 0.8 | 4 | 0 | 0 | 150 |
| 3 | 2.0 | 7 | 1 | 1 | 90 |
| 4 | 1.2 | 5 | 0 | 1 | 115 |
| 5 | 1.8 | 6 | 1 | 0 | 110 |
| 6 | 0.9 | 4 | 0 | 1 | 140 |
| 7 | 1.6 | 7 | 1 | 1 | 95 |
| 8 | 1.1 | 5 | 0 | 0 | 130 |
| 9 | 2.2 | 8 | 1 | 1 | 85 |
| 10 | 1.3 | 6 | 1 | 0 | 105 |
| 11 | 0.7 | 3 | 0 | 1 | 160 |
| 12 | 1.7 | 6 | 1 | 1 | 100 |
| 13 | 1.4 | 5 | 0 | 1 | 125 |
| 14 | 2.1 | 7 | 1 | 0 | 95 |

为建立一个可靠的预测模型,需将数据划分成两部分:训练集用来训练模型(如同反复练习以掌握烹饪技巧),测试集用来评估模型的效果(如同品尝菜品以验证实际效果)。通常以其中的80%用来训练,20%用来测试,如图3-1-17和图3-1-18所示。

|    | 猪肉重量/kg | 原料种类数 | 是否使用高压锅 | 炖煮前是否焯水 |
|----|-----------|-----------|--------------|--------------|
| 13 | 1.4       | 5         | 0            | 1            |
| 5  | 1.8       | 6         | 1            | 0            |
| 8  | 1.1       | 5         | 0            | 0            |
| 2  | 0.8       | 4         | 0            | 0            |
| 1  | 1.5       | 6         | 1            | 1            |
| 14 | 2.1       | 7         | 1            | 0            |
| 4  | 1.2       | 5         | 0            | 1            |
| 7  | 1.6       | 7         | 1            | 1            |
| 10 | 1.3       | 6         | 1            | 0            |
| 12 | 1.7       | 6         | 1            | 1            |
| 3  | 2.0       | 7         | 1            | 1            |
| 6  | 0.9       | 4         | 0            | 1            |
| 13 | 125       |           |              |              |
| 5  | 110       |           |              |              |
| 8  | 130       |           |              |              |
| 2  | 150       |           |              |              |
| 1  | 100       |           |              |              |
| 14 | 95        |           |              |              |
| 4  | 115       |           |              |              |
| 7  | 95        |           |              |              |
| 10 | 105       |           |              |              |
| 12 | 100       |           |              |              |
| 3  | 90        |           |              |              |
| 6  | 140       |           |              |              |

图3-1-17 训练集数据

Name: 预估最佳炖煮时间/min, dtype: int64

|    | 猪肉重量/kg | 原料种类数 | 是否使用高压锅 | 炖煮前是否焯水 |
|----|-----------|-----------|--------------|--------------|
| 9  | 2.2       | 8         | 1            | 1            |
| 11 | 0.7       | 3         | 0            | 0            |
| 0  | 1.0       | 5         | 0            | 1            |
| 9  | 85        |           |              |              |
| 11 | 160       |           |              |              |
| 0  | 120       |           |              |              |

图3-1-18 测试集数据

(2)第二步:模型训练。

对数据进行特征处理,使其处于同一个"标准"下。随后,可以应用线性回归模型(linear regression model)来学习这些数据中的规律。该模型如同一位经验丰富的厨师,它可以根据我们提供的数据(如猪肉重量、原料种类数、是否使用高压锅、炖煮前是否焯水)来学习如何预测最佳的炖煮时间。

(3)第三步:应用模型。

模型训练完成后,就可以用它来预测最佳炖煮时间。这意味着,当面对一个新的红烧肉炖煮场景时,仅需向模型输入关键参数:猪肉重量、原料种类数、是否使用高压锅以及炖煮前是否焯水,它就能预测出最佳的炖煮时间。

例如,我们有1.5 kg猪肉,用了6种原料,使用高压锅,并且在炖煮前进行了焯水,模型预测的最佳炖煮时间可能是102 min。这意味着,根据模型的分析,在这种情况下,炖煮102 min可以达到最佳的效果。

通过以上步骤,我们可以利用数据和一些方法来预测红烧肉的最佳炖煮时间,这可帮助我们更好地掌握烹饪技巧,烹饪出更美味的红烧肉。

（四）机器学习在烹饪中的妙用

了解了机器学习的基本概念和流程后,我们来看看它在烹饪领域有哪些潜在的应用,以及这些应用是否会改变我们未来的烹饪方式。

**1. 智能菜谱推荐** 当你不知道做什么菜或者手头有什么原料时,机器学习可以学习大量菜谱,根据你的偏好（如喜欢辣的菜品、快手菜）或现有原料,推荐适合的菜谱。

**2. 精准烹饪参数控制** 如果你想要复刻大厨的菜品,但总掌握不好火候和时间,机器学习可以通过学习原料、设备和出品质量的数据,预测出达到特定品质（如鸡皮酥脆,内里多汁）所需的精确温度和时间。未来的智能厨电可能会内置这样的功能。

**3. 个性化口味调整** 针对不同人对同一道菜有不同的口味偏好（比如有人爱吃甜,有人爱吃咸）,机器学习可以记录你的口味评价,学习你的偏好。未来它甚至可以根据你的健康需求（如低盐、低糖）,自动调整菜谱中的调料配比。

**4. 创新菜品的灵感引擎** 当厨师想要开发新菜品时,机器学习可以分析全球的原料和烹饪方法,发现不常见但可能产生美妙风味的组合,为厨师提供灵感来源。

**5. 原料新鲜度与损耗预测** 对于需要管理大量原料的餐厅或食堂,机器学习可以通过学习原料的储存条件、采购日期和过往变质数据,预测原料的剩余保质期,帮助管理者更合理地安排使用顺序,减少浪费。

### 五、认知图灵测试

（一）图灵测试与烹饪的跨界

为了评估机器是否具有"智能",图灵提出了一个著名的思想实验——图灵测试。这个测试巧妙地避开了"智能"这个难以精确定义的词,转而用一种可操作的方式来衡量机器的智能表现:如果机器在与人类交流时能让对方无法区分其真实身份,那么这台机器就可以被认为是"智能"的。

图灵测试是判断机器是否具备人类智能的经典方法,将这一概念引入烹饪领域,我们可以设计一个"烹饪图灵测试":通过让"AI厨师"与人类厨师进行厨艺比拼,并邀请人类评估者盲测菜品,来验证"AI厨师"是否能在烹饪中达到与人类厨师相似的表现。

（二）AI炒菜机器人:技术特点与功能

AI炒菜机器人的技术特点如下。

(1) 自适应控温技术:根据原料克重、起始锅温等条件,自动调整最佳烹饪温度、时间和搅拌转速,确保菜品火候均匀。

(2) 精准投料与调味:支持8种常用调料的自动添加,精度可达1 g,实现原料与调料的精确配比。

(3) 高效烹饪能力:可同时操作三台设备,极大地提高了出餐效率,在与人类厨师的比拼中展现出了速度优势。

（三）烹饪图灵测试:AI炒菜机器人与人类厨师的比拼

2024年,AI炒菜机器人与湘菜大师杨孙师傅在北京三里屯展开了一场烹饪对决。比赛过程如下。

(1) 人物:参赛者包括AI炒菜机器人和湘菜大师杨孙师傅,后者是湘菜界的知名人物,擅长制作传统湘菜。

(2) 菜品:双方需在相同条件下炒制三道菜——XO酱笋炒海螺、小炒黄牛肉和辣椒炒肉。这些菜品均为湘菜经典代表,旨在全面考验双方的烹饪技艺。

(3) 比赛过程:AI炒菜机器人凭借其高效稳定的烹饪能力,在3分08秒内完成了三道菜品的制

作,而杨孙师傅用时 9 分 32 秒。

(四) AI 炒菜机器人的表现:通过烹饪图灵测试?

在盲测环节中,10 位路人品尝了 AI 炒菜机器人和杨孙师傅制作的菜品。结果显示,大多数人对两者炒制的菜品难以区分,甚至有人认为出自人类厨师之手的菜品实为 AI 炒菜机器人制作。这种结果表明,AI 炒菜机器人在烹饪领域已接近人类厨师水平,成功通过了"烹饪图灵测试"。

(五) AI 炒菜机器人的实际应用:餐饮行业的智能化升级

目前,AI 炒菜机器人已在全国多个城市(包括上海、北京、重庆、南京等)的知名餐厅投入使用。实际应用显示,消费者对其炒制的菜品普遍评价较高,多数人甚至未察觉菜品出自机器人之手(图 3-1-19)。这种高效、稳定的表现,正在推动餐饮行业的智能化升级。

图 3-1-19 由美膳狮 AI 炒菜机器人炒制的菜品

(六) 烹饪图灵测试的意义

烹饪图灵测试不仅验证了 AI 在烹饪领域的智能化水平,还展示了 AI 技术对传统餐饮行业的深远影响。未来,随着技术的进一步发展,"AI 厨师"或将在更多场景中辅助人类厨师共同为消费者提供更高效、更稳定的餐饮服务。

## 任务二 走进人工智能技术应用

扫码看视频

### 任务目标

1. 了解大模型的基本概念,以及它的"超能力"和应用场景。
2. 了解 AIGC 及其应用,以及大模型与 AIGC 的关系。
3. 了解大模型在烹饪领域的应用,学习如何将大模型用于菜谱生成与创意支持、智能烹饪助手、菜单设计与菜品优化、餐厅运营宣传以及菜品研发与教学支持。
4. 了解模型社区,知道 AI 大模型社区,以及这些社区的作用。
5. 熟悉提示工程的基本概念,理解 Prompt 的定义,以及它在烹饪领域的应用场景。
6. 学习 Prompt 编写,熟悉模板结构应用。

### 任务导入

在快速发展的科技时代,AI 技术已经渗透到我们生活的方方面面,烹饪领域也不例外。大模型作为 AI 技术的重要组成部分,通过学习海量的信息,掌握了各种知识和技巧,能够解决多种问题。人工智能生成内容(artificial intelligence generated content,AIGC)技术更是让 AI 能够创造全新的内容,为烹饪带来无限可能。AI 大模型社区则为学习者和从业者提供了宝贵的交流平台,通过共享知识、激发创意、协同解决问题,持续推动 AI 技术的发展和应用。对于烹饪专业的学生来说,了解并善用这些模型社区能带来很多好处,如学习技能、提升能力、获取经验、促进合作与创新、激发创意与解决问题等。

提示工程是释放 AI 潜力的关键。通过精准的提示词(以下均称 Prompt)设计,可以将 AI 从基础工具升级为专业烹饪助手,提供更具实用性和创新性的输出。在烹饪场景中,Prompt 的应用通常涵盖四大方向:食谱开发、烹饪问题解决、营养管理和烹饪可视化。通过优化 Prompt 设计,可以有效提升 AI 的输出质量,更好地满足多样化的烹饪需求。

### 知识精讲

#### 一、大模型技术应用

(一)大模型概述

**1. 什么是大模型**　想象一下,一个非常智能的"大脑",它通过学习海量的信息(如成千上万本菜谱、图片、视频),掌握了各种烹饪知识和技巧。这个"大脑"就是"大模型",一个基于深度学习等先进技术构建的智能工具。它内部存储着数十亿甚至更多"知识点"(即参数),能学习复杂的规律,解决各种问题。

**2. 大模型的"超能力"**

(1)学得快,记得牢:依托海量内容的学习积累,它能快速理解并掌握新的烹饪知识,精准记忆各种原料搭配和烹饪方法。

(2)"灵光一闪"的创意:当这个"大脑"(即模型规模)足够大、学习量足够多时,它会自主产生一些意想不到的"新点子",如创造出用户从未见过的新菜品或调味组合。

(3)"眼观六路,耳听八方":它不仅能看懂文字(如菜谱),还能识别图片(如识别图片中的原料),甚至能解析语音指令,是个多才多艺的烹饪助手。

**3. 大模型的应用**

(1)看懂和写出文字:既能理解用户输入的语言指令或文字菜谱,也能生成新的菜谱、菜品介绍或者烹饪小贴士。

(2)看懂和生成图片:能识别图片中的原料、菜品特征,甚至可以根据用户描述生成对应菜品的图片。

(3)辅助"编程":有些大模型还具备代码编写等功能,在烹饪场景中可表现为协助用户梳理复杂的烹饪流程。

(二)AIGC 的定义与应用

**1. 什么是 AIGC**　AIGC 即"人工智能生成内容",简单来说,就是让 AI 自动完成内容创作的过程,其应用场景广泛,涵盖写文章、绘画、作曲等;在烹饪加工中,AIGC 则体现为 AI 自动生成菜谱、菜品图片等。

图 3-2-1 所示是一个 AIGC 工具导航网站（https://www.aigc.cn/）。该网站是一个全面的 AIGC 工具导航平台,涵盖了 AI 写作、绘画、视频创作、办公、智能对话、设计、语音、音乐、AIGC 检测等多个领域。

图 3-2-1　AIGC 工具导航网站

**2. 大模型与 AIGC 的关系**　大模型是 AIGC 的"发动机"或"核心引擎"。正是因为有大模型这个强大的"大脑",AIGC 才能创造出丰富且高质量的内容。

对厨师而言,这一技术带来了显著便利:当灵感枯竭时,只需向 AI 描述你想做什么风味的菜品,有什么原料,或者你今天的心情,AI 就能快速生成全新的菜谱创意、详细的烹饪步骤,甚至帮你写一段吸引人的菜品介绍,这就像为厨师配备了一个永不枯竭的创意资源库。

**3. AIGC 的应用场景**　AIGC 可以应用于内容创作、艺术创作、教育与培训、娱乐与游戏等多个场景。

(1) 内容创作:如生成新闻摘要、创作小说、撰写广告文案等。

(2) 艺术创作:如生成风格独特的图像、音乐和视频等。

(3) 教育与培训:如生成个性化学习材料,辅助教学。

(4) 娱乐与游戏:如生成游戏场景、角色和故事情节等。

**4. 多模态**　在 AIGC 的应用中,特别是在艺术创作领域,多模态技术扮演着重要角色。例如,AI 可以生成风格独特的图像、音乐和视频。值得注意的是,这里提到的图像、音乐和视频,实际上是不同类型的信息表现形式——图像以视觉信息为主,音乐以听觉信息为主,视频则融合了视觉和听觉信息。我们将这些不同的信息表现形式称为模态(modality)。

模态指信息的表现形式或传递通道,简单来说,就是信息通过何种方式传递给我们的感官。每种模态都有其独特的特点和优势:文本模态擅长表达抽象概念和复杂逻辑,视觉模态形象直观,听觉模态则富有感染力。常见的模态如下。

(1) 文本模态:通过文字传递信息,如文章、小说、菜谱等。

(2) 视觉模态:通过图像、视频等方式传递信息,如照片、绘画、电影等。

(3) 听觉模态:通过声音传递信息,如音乐、语音等。

(4) 触觉模态、嗅觉模态等。

当我们将多个模态的信息结合起来共同处理、理解和应用时,可称之为"多模态(multimodality)"。

许多先进的 AIGC 应用都是基于多模态技术的,例如以下几类。

(1) AI 绘画:用户通过输入文本描述(文本模态),AI 即可生成对应的图像(视觉模态),这是文本到图像的多模态生成。

(2) AI音乐生成:用户通过文字描述想要的风格和情绪(文本模态),AI即可生成相应的音乐作品(听觉模态),这是文本到音乐的多模态生成。

(3) AI视频生成:可以结合文本脚本(文本模态)、图片或视频素材(视觉模态)、背景音乐(听觉模态)等多种模态的信息,自动生成完整的视频。

(4) AI数字人:可以结合文本(驱动数字人说话的内容)、语音(将文本转化为声音)、视觉(数字人的形象、表情、动作)等多种模态,创造出逼真的虚拟人物。

多模态技术作为 AIGC 的"多感官引擎",通过整合不同模态(如文本模态、视觉模态、听觉模态等)的信息,使 AIGC 能更全面地"看""听""说"甚至"感觉",从而更好地理解和处理多元信息,生成更丰富、生动、逼真的内容,拓展了内容创作的可能性。

(三) 大模型在烹饪领域的应用

**1. 菜谱生成与创意支持** 随着 AI 技术的快速发展,大模型在烹饪领域的应用日益广泛。其中,智谱清言的 ChatGLM 作为备受关注的 AI 工具,在菜谱生成与创意支持方面表现突出。用户通过使用该工具可快捷生成各种菜谱,既包括创意菜品,也包括快速简便的日常食谱。

(1) 打开智谱清言 ChatGLM:打开网络浏览器,在浏览器的地址栏中输入智谱清言 ChatGLM 的官方网址(https://chatglm.cn/),见图 3-2-2。

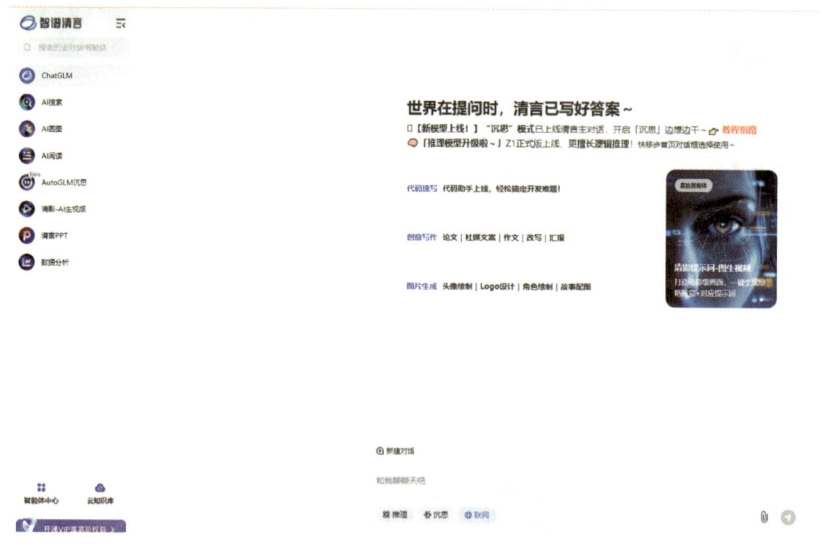

图 3-2-2 智谱清言 ChatGLM 首页

进入网站后,界面会显示对话窗口。在该界面的输入框中,输入你的需求(如询问菜谱或寻求烹饪建议)。输入完成后,点击"发送"按钮或按下回车键,ChatGLM 将自动处理你的请求并生成相应的回答,从而为你提供所需的信息或创意灵感。

(2) 假设你目前只有西红柿和鸡蛋,并且只有十几分钟的时间来准备一顿饭,你平时偏好酸甜口味,那么你可以使用 AI 工具来帮助你构思一道菜谱。

你可以在输入框中输入:"用西红柿、鸡蛋做一个酸甜口味的快手菜。"

提交请求后,AI 会根据描述推荐适合的酱汁搭配和原料处理方法,具体如下。

> 好的,这里有一个用西红柿和鸡蛋做的酸甜口味快手菜谱:
> 西红柿炒鸡蛋
> 原料:
> • 西红柿:2 个。
> • 鸡蛋:2 个。

- 糖:2勺。
- 白醋:1勺。
- 生抽:1勺。
- 盐:适量。
- 葱:适量(可选)。
- 姜蒜:适量(可选)。
- 水淀粉:1勺淀粉+3勺水混合。
- 食用油:适量。

制作步骤:

1. 准备原料
- 西红柿洗净,切成小块。
- 鸡蛋打散,加少许盐搅拌均匀。
- 葱切段,姜蒜切末(可选)。
- 调好水淀粉备用。
- 将糖、白醋、生抽、盐混合在一个小碗中,备用。

2. 炒鸡蛋
- 锅中倒入适量食用油,加热至六七成热(微微冒烟)。
- 倒入蛋液,快速翻炒至凝固,盛出备用。

3. 炒西红柿
- 锅中留少许底油,放入葱段、姜蒜末爆香(可选)。
- 倒入西红柿块,翻炒至出汁变软。

4. 加入调料
- 倒入之前调好的糖醋汁,翻炒均匀。

5. 加入鸡蛋
- 倒入炒好的鸡蛋,轻轻翻炒,让鸡蛋裹上糖醋汁。

6. 勾芡
- 倒入水淀粉,快速翻炒至汤汁浓稠。

7. 出锅
- 关火,盛出即可。

小贴士:
- 西红柿选择熟透的,更容易炒出汁水。
- 喜欢辣味者可以加一些干辣椒或辣椒酱。
- 可以根据个人口味调整糖与白醋的比例。
- 勾芡可使汤汁更加浓稠,包裹在原料上,也可以省略此步骤。

这道菜酸甜可口、开胃下饭,而且制作方法简单,非常适合忙碌的时候快速做出一道美味的菜肴。希望你喜欢!

将结果整理成菜品表格,见表3-2-1。

表3-2-1 "西红柿炒鸡蛋"制作表

| 原料 | 主料 | 原料名称 | 用量 |
| --- | --- | --- | --- |
| | | 西红柿 | 2个 |
| | | 鸡蛋 | 2个 |

续表

| 原料 | 调料 | 原料名称 | 用　　量 |
|---|---|---|---|
| | | 糖 | 2勺 |
| | | 白醋 | 1勺 |
| | | 生抽 | 1勺 |
| | | 盐 | 适量 |
| | | 葱 | 适量（可选） |
| | | 姜蒜 | 适量（可选） |
| | | 水淀粉 | 1勺淀粉＋3勺水混合 |
| | | 食用油 | 适量 |
| 制作方法 | 步骤1 | 西红柿洗净，切成小块。<br>鸡蛋打散，加少许盐搅拌均匀。<br>葱切段，姜蒜切末（可选）。<br>调好水淀粉备用。<br>将糖、白醋、生抽、盐混合在一个小碗中，备用 | |
| | 步骤2 | 锅中倒入适量食用油，加热至六七成热（微微冒烟）。<br>倒入蛋液，快速翻炒至凝固，盛出备用 | |
| | 步骤3 | 锅中留少许底油，放入葱段、姜蒜末爆香（可选）。<br>倒入西红柿块，翻炒至出汁变软 | |
| | 步骤4 | 倒入之前调好的糖醋汁，翻炒均匀 | |
| | 步骤5 | 倒入炒好的鸡蛋，轻轻翻炒，让鸡蛋裹上糖醋汁 | |
| | 步骤6 | 倒入水淀粉，快速翻炒至汤汁浓稠 | |
| | 步骤7 | 关火，盛出即可 | |

（3）假设你想要尝试制作一道新的凉拌菜，并希望以木耳和黄瓜为主要原料，同时希望这道菜品的味道是清爽中带有一点微辣，那么你可以向AI工具提出你的需求。

你可以在输入框中输入："我想尝试一道新的凉拌菜，想用木耳、黄瓜，希望味道是清爽带点微辣的。"

提交请求后，AI会根据你的要求，查询到相关的菜谱信息，如图3-2-3所示。AI将学习这些菜谱，并综合你的口味偏好，生成一个新的凉拌菜制作方法。

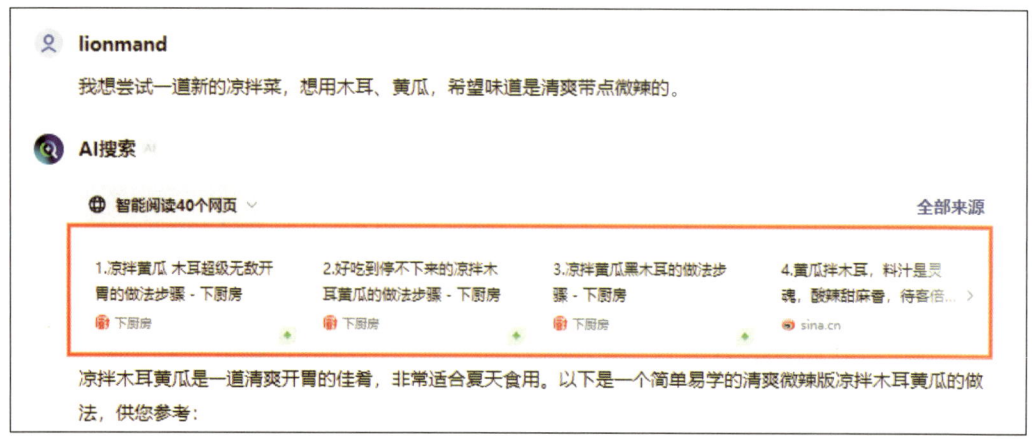

图 3-2-3　AI查询到的"凉拌木耳黄瓜"相关菜谱

AI生成的具体内容如下。

凉拌木耳黄瓜是一道清爽开胃的佳肴,非常适合夏天食用。以下是一个简单易学的清爽微辣版凉拌木耳黄瓜的做法,供您参考:

凉拌木耳黄瓜的做法

原料:
- 黄瓜:2根。
- 木耳:1把。
- 蒜末:1勺。
- 葱花:适量。
- 辣椒粉:1勺。
- 小米辣:适量(根据口味调整)。
- 熟花生米:1把(可选)。
- 香菜:适量(可选)。
- 生抽:3勺。
- 陈醋:2勺。
- 蚝油:1勺。
- 白糖:1小勺。
- 盐:适量。
- 热油:适量。

制作步骤:

1. 准备原料
- 黄瓜洗净后拍扁,切成小段,加入少许盐腌制10 min,杀出多余水分后倒掉水分备用。
- 木耳提前泡发2 h,洗净后撕成小朵。

2. 木耳焯水
- 锅中烧开水,放入木耳焯水2 min,捞出后用冷水冲洗,沥干备用。

3. 调料汁
- 取一个小碗,加入蒜末、葱花、辣椒粉、小米辣,淋入热油激发香味。
- 加入生抽、陈醋、蚝油、白糖和盐,搅拌均匀制成料汁。

4. 拌匀
- 将黄瓜段、焯好水的木耳、熟花生米(可选)和香菜(可选)放入大碗中,倒入调好的料汁,充分拌匀。

5. 装盘
- 将拌好的木耳黄瓜装盘即可。

小贴士:
- 辣味调整:如果不喜欢太辣,可以减少辣椒粉和小米辣的用量,或者直接不放小米辣。
- 口感升级:加入熟花生米可以增加口感层次,不喜欢花生米者也可以省略该步骤。
- 提前准备:木耳需提前泡发,黄瓜腌制杀水后再拌会更爽脆。
- 这道凉拌木耳黄瓜酸辣开胃、清爽可口,非常适合夏季食用。如果您喜欢,可以尝试搭配其他原料如腐竹或粉丝,口感会更加丰富!

将结果整理成菜品表格,见表 3-2-2。

表 3-2-2 "凉拌木耳黄瓜"制作表

| | 原料名称 | | 用　　量 |
|---|---|---|---|
| 原料 | 主料 | 黄瓜 | 2 根 |
| | | 木耳 | 1 把 |
| | 辅料 | 蒜末 | 1 勺 |
| | | 葱花 | 适量 |
| | | 小米辣 | 适量(根据口味调整) |
| | | 熟花生米 | 1 把(可选) |
| | | 香菜 | 适量(可选) |
| | 调料 | 辣椒粉 | 1 勺 |
| | | 生抽 | 3 勺 |
| | | 陈醋 | 2 勺 |
| | | 蚝油 | 1 勺 |
| | | 白糖 | 1 小勺 |
| | | 盐 | 适量 |
| | | 热油 | 适量 |
| 制作方法 | 步骤 1 | | 黄瓜洗净后拍扁,切成小段,加入少许盐腌制 10 min,杀出多余水分后倒掉水分备用。<br>木耳提前泡发 2 h,洗净后撕成小朵 |
| | 步骤 2 | | 锅中烧开水,放入木耳焯水 2 min,捞出后用冷水冲洗,沥干备用 |
| | 步骤 3 | | 取一个小碗,加入蒜末、葱花、辣椒粉、小米辣,淋入热油激发香味。<br>加入生抽、陈醋、蚝油、白糖和盐,搅拌均匀制成料汁 |
| | 步骤 4 | | 将黄瓜段、焯好水的木耳、熟花生米(可选)和香菜(可选)放入大碗中,倒入调好的料汁,充分拌匀 |
| | 步骤 5 | | 将拌好的木耳黄瓜装盘即可 |

**2. 智能烹饪助手** AI 可以记住你的口味偏好(如不爱吃辣)、健康需求(如要低油低盐)或者过敏信息(如对花生过敏),并据此帮你调整菜谱。

作为一个热爱烹饪、喜欢尝试各种美食的人,最近,你对红烧肉这道经典菜肴产生了浓厚的兴趣,但又担心其油脂含量过高,不符合你的健康饮食需求。你希望在减少油脂摄入的同时,仍能保持红烧肉的美味和口感。为了解决这个问题,你决定向 AI 工具寻求帮助。

你可以在输入框中输入:"我想做红烧肉,但吃不了太多油,怎么改?"

提交请求后,AI 将会给你一个更健康版本的红烧肉,AI 生成的具体内容如下。

---

为了减少红烧肉的油腻感,同时保留其美味,可以采用以下改良方法。

一、改良方法

1. 选料与预处理

- 选择肥瘦相间的五花肉:切成 1 cm 左右的小块,方便烹饪和减少油腻感。
- 焯水去油:将五花肉放入冷水中,加入姜片和料酒,大火煮沸后撇去浮沫,焯水 5~8 min,去除血水和部分油脂。

2. 烹饪方式调整
- 减少煎炒步骤,改为炖煮:传统红烧肉制作常采用煎、炒等烹饪方式,可以改为炖煮。将焯水后的五花肉直接放入锅中,加入少量水或高汤,小火慢炖,既能保持肉质鲜嫩,又能减少油脂摄入。
- 无油或少油炒糖色:炒糖色时可以减少用油量,或直接用少量糖和开水熬制糖色,避免因额外加油导致油脂摄入增加。

3. 调料调整
- 减少盐和酱油的使用量:利用姜、八角、桂皮等天然香料增加风味,同时用少量糖或蜂蜜替代部分酱油,既保证菜品色泽又减少盐分摄入。
- 使用健康调料:如柠檬汁或白醋,既能提升菜品鲜味,又能减少人们对重油重盐的依赖。

4. 搭配蔬菜
- 增加膳食纤维:在红烧肉中加入土豆、胡萝卜、洋葱、青椒等蔬菜,既能吸收肉汁中的多余油脂,又能丰富口感和营养。

二、改良版红烧肉食谱

原料:
- 五花肉:500 g。
- 生姜:3 片。
- 料酒:2 汤匙。
- 冰糖:2 汤匙(或蜂蜜 1 汤匙)。
- 生抽:1 汤匙。
- 老抽:1 茶匙(上色用)。
- 八角:2 颗。
- 桂皮:1 小块。
- 香叶:2 片。
- 盐:适量(少量)。
- 胡萝卜、土豆:各 1 个(可选)。
- 清水或高汤:适量。

制作步骤:

1. 预处理
- 五花肉洗净,切成小块,放入冷水锅中,加入生姜片和料酒,大火煮沸后撇去浮沫,焯水 5 min,捞出沥干。
- 胡萝卜和土豆去皮切块备用。

2. 炒糖色
- 锅中放入少量水,加入冰糖,小火熬至糖熔化并呈琥珀色,加入五花肉快速翻炒,使肉块均匀裹上糖色。

3. 炖煮
- 加入生抽、老抽、八角、桂皮、香叶,翻炒均匀。
- 倒入适量清水或高汤,水量以刚好没过肉块为宜,大火煮沸后转小火慢炖 40 min。

4. 加入蔬菜
- 加入胡萝卜块和土豆块,继续炖煮 20 min 至肉和蔬菜软烂。

5. 调味收汁
- 根据口味加入少量盐,开大火收汁至汤汁浓稠即可。

6. 装盘
- 盛出红烧肉,搭配米饭或蔬菜享用。

三、小贴士
- 控制油量:烹饪全程尽量减少额外添加油脂,利用五花肉本身析出的油脂即可满足需求。
- 健康搭配:建议搭配清炒蔬菜或凉拌菜,平衡膳食结构。
- 冷藏去油:炖煮完成后,将红烧肉冷藏,待表面油脂凝固,方便去除。

通过以上方法,既能享受红烧肉的美味,又能减少油脂摄入,非常适合追求健康饮食的你!

将结果整理成菜品表格,见表 3-2-3。

表 3-2-3 "红烧肉"制作表

| | | 原料名称 | 用 量 |
|---|---|---|---|
| 原料 | 主料 | 五花肉 | 500 g |
| | | 胡萝卜 | 1个(可选) |
| | | 土豆 | 1个(可选) |
| | 辅料 | 生姜 | 3片 |
| | | 冰糖 | 2汤匙(或蜂蜜1汤匙) |
| | | 八角 | 2颗 |
| | | 桂皮 | 1小块 |
| | | 香叶 | 2片 |
| | 调料 | 料酒 | 2汤匙 |
| | | 生抽 | 1汤匙 |
| | | 老抽 | 1茶匙(上色用) |
| | | 清水或高汤 | 适量 |
| 制作方法 | 步骤1 | 五花肉洗净,切成小块,放入冷水锅中,加入生姜片和料酒,大火煮沸后撇去浮沫,焯水 5 min,捞出沥干。胡萝卜和土豆去皮切块备用 | |
| | 步骤2 | 锅中放入少量水,加入冰糖,小火熬至糖熔化并呈琥珀色,加入五花肉快速翻炒,使肉块均匀裹上糖色 | |
| | 步骤3 | 加入生抽、老抽、八角、桂皮、香叶,翻炒均匀。倒入适量清水或高汤,水量以刚好没过肉块为宜,大火煮沸后转小火慢炖 40 min | |
| | 步骤4 | 加入胡萝卜块和土豆块,继续炖煮 20 min 至肉和蔬菜软烂 | |
| | 步骤5 | 根据口味加入少量盐,开大火收汁至汤汁浓稠即可 | |
| | 步骤6 | 盛出红烧肉,搭配米饭或蔬菜享用 | |

**3. 菜单设计与菜品优化** AI可以通过分析餐厅历史销售数据和消费者评价,识别热销菜品,定位待改进菜品和优化菜单结构。

假设餐厅销售数据如表 3-2-4 所示。

表 3-2-4 餐厅销售数据

| 菜品名称 | 销量/份 | 价格/元 | 成本/元 | 利润/元 |
|---|---|---|---|---|
| 红烧肉 | 100 | 30 | 20 | 10 |
| 清蒸鱼 | 80 | 25 | 15 | 10 |
| 西红柿炒鸡蛋 | 120 | 20 | 10 | 10 |

续表

| 菜品名称 | 销量/份 | 价格/元 | 成本/元 | 利润/元 |
|---|---|---|---|---|
| 宫保鸡丁 | 90 | 28 | 18 | 10 |
| 炒时蔬 | 70 | 15 | 5 | 10 |

消费者评价数据如表 3-2-5 所示。

表 3-2-5 消费者评价数据

| 菜品名称 | 在线评论 | 评分/分 | 反馈 |
|---|---|---|---|
| 红烧肉 | 香味浓郁,肉质鲜嫩 | 4.5 | 口感偏咸,建议减少盐分 |
| 清蒸鱼 | 鱼肉鲜美,口感清淡 | 4.0 | 建议增加配菜以丰富口感 |
| 西红柿炒鸡蛋 | 味道酸甜,简单美味 | 4.2 | 鸡蛋略老,建议炒得更嫩 |
| 宫保鸡丁 | 麻辣鲜香,口感丰富 | 3.8 | 建议减少辣椒,降低辣度 |
| 炒时蔬 | 清爽可口,颜色鲜艳 | 4.1 | 建议增加蔬菜种类,丰富口感 |

在智谱清言左边菜单栏中,选择"数据分析"工具,如图 3-2-4 所示。

图 3-2-4 选择"数据分析"工具

你可以在输入框中输入下面内容。

> 根据下面的销售数据和消费者评价数据,预测哪些菜品可能会更受消费者欢迎。
> 销售数据:
>
> | 菜品名称 | 销量/份 | 价格/元 | 成本/元 | 利润/元 |
> |---|---|---|---|---|
> | 红烧肉 | 100 | 30 | 20 | 10 |
> | 清蒸鱼 | 80 | 25 | 15 | 10 |
> | 西红柿炒鸡蛋 | 120 | 20 | 10 | 10 |
> | 宫保鸡丁 | 90 | 28 | 18 | 10 |
> | 炒时蔬 | 70 | 15 | 5 | 10 |

消费者评价数据：

| 菜品名称 | 在线评论 | 评分/分 | 反馈 |
|---|---|---|---|
| 红烧肉 | 香味浓郁,肉质鲜嫩 | 4.5 | 口感偏咸,建议减少盐分 |
| 清蒸鱼 | 鱼肉鲜美,口感清淡 | 4.0 | 建议增加配菜以丰富口感 |
| 西红柿炒鸡蛋 | 味道酸甜,简单美味 | 4.2 | 鸡蛋略老,建议炒得更嫩 |
| 宫保鸡丁 | 麻辣鲜香,口感丰富 | 3.8 | 建议减少辣椒,降低辣度 |
| 炒时蔬 | 清爽可口,颜色鲜艳 | 4.1 | 建议增加蔬菜种类,丰富口感 |

提交请求后，AI 将会对数据进行分析，结果如下。

思考：
1. 数据分析目标　预测哪些新菜品可能会更受消费者欢迎。
2. 数据来源　销售数据和消费者评价数据。
3. 分析方法
 • 销售数据分析：分析销量、价格、成本和利润的关系，找出最受欢迎的菜品。
 • 消费者评价数据分析：分析在线评论、评分和反馈，了解消费者的喜好和改进建议。
4. 工具使用　可能需要使用 Python 代码进行数据分析，如计算各菜品的利润率、分析评分与销量的关系等。

接着，AI 将生成 Python 代码来进行数据分析，效果如图 3-2-5 所示。

执行：

首先，我将使用 Python 对销售数据进行初步分析，计算每个菜品的利润率，并查看销量与价格、成本的关系。然后，我会分析消费者评价数据，了解消费者的喜好和反馈。最后，结合这两部分数据，预测可能受欢迎的菜品。

代码生成：已完成 ∨

结果

（菜品名称 销量 价格 成本 利润 利润率
0 红烧肉 100 30 20 10 0.333333
1 清蒸鱼 80 25 15 10 0.400000
2 西红柿炒鸡蛋 120 20 10 10 0.500000
3 宫保鸡丁 90 28 18 10 0.357143
4 炒时蔬 70 15 5 10 0.666667
菜品名称 在线评论 评分 反馈
0 红烧肉 香味浓郁, 肉质鲜嫩 4.5 口感偏咸, 建议减少盐分
1 清蒸鱼 鱼肉鲜美, 口感清淡 4.0 建议增加配菜以丰富口感
2 西红柿炒鸡蛋 味道酸甜, 简单美味 4.2 鸡蛋略老, 建议炒得更嫩
3 宫保鸡丁 麻辣鲜香, 口感丰富 3.8 建议减少辣椒, 降低辣度
4 炒时蔬 清爽可口, 颜色鲜艳 4.1 建议增加蔬菜种类, 丰富口感 ）

图 3-2-5　Python 代码生成和执行

AI 根据代码执行结果进行分析，最后得出如下结论。

分析结果：
1. 销售数据分析
- 利润率：炒时蔬的利润率最高，为 66.67%，其次是西红柿炒鸡蛋，利润率为 50%。这表明这两个菜品在成本控制和定价策略上更具优势。
- 销量：西红柿炒鸡蛋的销量最高，为 120 份；其次是红烧肉，销量为 100 份。这表明这两个菜品在市场上较受欢迎。
2. 消费者评价数据分析
- 评分：红烧肉的评分最高，为 4.5 分；其次是西红柿炒鸡蛋，评分为 4.2 分。这表明消费者对这两个菜品的满意度较高。
- 反馈：消费者对红烧肉的反馈是口感偏咸，建议减少盐分。对西红柿炒鸡蛋的反馈是鸡蛋略老，建议炒得更嫩。这些反馈可以用来改进菜品，提升消费者满意度。
3. 综合分析
- 结合销售数据和消费者评价数据，我们可以发现西红柿炒鸡蛋和红烧肉在市场上表现较好，既有较高的销量，又有较高的消费者评分。因此，类似口味和风格的新菜品可能会更受消费者欢迎。例如，开发新的酸甜口味的菜品或者肉质鲜嫩的菜品可能会吸引更多消费者。

根据上面"数据分析"结果，可以利用 ChatGLM 来辅助设计"新的酸甜口味的菜品或者肉质鲜嫩的菜品"。

**4. 餐厅运营宣传** AI 不仅可以为菜单撰写更具吸引力的菜品描述，还能根据历史销售数据和当前的市场价格，提供精准的原料采购建议，避免浪费。

你的餐厅秉持"精选天然好料，用心烹调，为您呈现平衡、安心的味蕾体验"的宗旨，现在推出了新菜品"干煸千张筒"（图 3-2-6），需要为这道新菜品编写一段吸引人的菜品描述。

图 3-2-6 干煸千张筒

你可以在 AI 工具的输入框中输入："帮我写'干煸千张筒'菜品描述，让它更吸引人。"
提交请求后，AI 为你提供了多个版本的文案，内容如下。

好的,以下是干煸千张筒的一些菜品描述,希望能让它更吸引人。

版本一:突出香辣酥脆

干煸千张筒:一口香脆,辣到灵魂颤抖。

薄如蝉翼的千张筒,经过高温油炸,变得金黄酥脆,散发着诱人的豆香。再与精选的辣椒、花椒等香料一同爆炒,辣味与麻香完美融合,每一口都带着"滋滋"的声响,在舌尖上跳跃。这不仅仅是一道菜,更是一场味蕾的狂欢。爱好香辣的你,绝对不能错过!

版本二:强调传统工艺与口感层次

干煸千张筒:传承经典,品味地道。

甄选优质黄豆,以古法工艺制成千张筒,豆香浓郁,口感细腻。经切片、油炸、煸炒等多道工序,千张筒吸收了辣椒、蒜苗等配料的鲜香,外酥里嫩,层次丰富。一口咬下,先是酥脆的外皮在齿间"咔嚓"作响,接着是千张筒本身的豆香与辣椒的辛香交织在一起,最后是蒜苗的清香在口中回荡,令人回味无穷。这道干煸千张筒,不仅是一道美味佳肴,更是对传统美食文化的传承。

版本三:突出健康与美味兼顾

干煸千张筒:美味与健康,可以兼得。

还在担心吃油炸食品不健康?这款干煸千张筒采用少油快炒的方式,最大限度保留了千张筒的营养成分。千张筒富含蛋白质和膳食纤维,是素食爱好者的优选。搭配新鲜的辣椒、蒜苗等蔬菜,不仅色彩鲜艳,更增添了丰富的维生素。香辣酥脆的口感,低脂健康的理念,让你在享受美味的同时,也能拥有健康的体魄。

版本四:简洁有力,突出卖点

干煸千张筒:香辣酥脆,欲罢不能。

金黄酥脆的千张筒,与火辣的辣椒激情碰撞,麻、辣、鲜、香,一口入魂! 精选优质原料,传统工艺制作,每一口都是满满的幸福感。无论是下饭还是下酒,都是绝佳的选择。

版本五:加入场景描述,更具画面感

干煸千张筒:夜宵党必备,一口解馋。

深夜的街头,热腾腾的干煸千张筒刚出锅,香气便弥漫开来。金黄的千张筒在灯光下闪烁着诱人的光泽,红色的辣椒点缀其间,让人垂涎欲滴。夹起一块送入口中,酥脆的口感瞬间唤醒沉睡的味蕾,香辣的味道在舌尖炸开,所有的疲惫和饥饿都烟消云散——这,就是干煸千张筒的魅力。

你可以根据目标消费者和餐厅定位选择合适的版本,或者将几个版本的优点结合起来,创造出更符合你需求的描述。希望这些描述能帮助你吸引更多消费者。

根据餐厅的特点,你可以选择"突出健康与美味兼顾"的版本。

**5. 菜品研发与教学支持** AI凭借图像识别技术可精准识别菜品及其原料,还能模拟不同烹饪方式对成品的影响,例如"若用微波炉替代烤箱制作蛋糕,口感会发生怎样的变化?"。AI对新菜品研发及教学场景颇具价值,能直观呈现不同烹饪方法的效果差异。

(四)模型社区

**1. AI大模型社区** AI大模型社区就像是AI爱好者和开发者的"线上俱乐部"或"技术交流中心",聚集了来自世界各地的人们,包括刚刚接触AI的新手、热衷于探索的爱好者,以及经验丰富的开发者。

AI大模型社区通过整合模型库、数据集、开发工具、教程与文档、社区交流、API服务、生态支

持、创新与前沿研究,为用户提供了一个完整的 AI 技术生态。这种一体化服务不仅有效降低了技术开发门槛,还促进了大模型技术的广泛应用和持续创新。

(1)模型库。

模型库是 AI 大模型社区的核心部分,提供预训练的大模型资源,涵盖自然语言处理、计算机视觉、语音识别、多模态等领域。其具体包括当前最佳(SOTA)模型,医疗、金融等领域专用模型以及多模态模型。用户可以通过在线体验、下载、推理和部署等方式使用这些模型,从而显著降低 AI 开发的门槛。

(2)数据集。

数据集是模型训练的基础,AI 大模型社区通过整合多样化的数据集资源,为模型训练、验证和测试提供关键支撑。其覆盖范围包括公开数据集、私有数据集以及特定领域的数据集。用户可以利用数据标注、清洗和预处理工具,快速构建高质量的训练数据,为模型开发提供坚实的数据支持。

(3)开发工具。

开发工具是 AI 大模型社区的重要组成部分,提供模型开发、训练和推理所需的技术栈和工具。其核心资源包括代码框架(如 TensorFlow、PyTorch)、API 接口以及模型训练平台(如百度 AI Studio)。这些工具支持自动化训练、模型微调和快速部署等功能,显著提升了开发效率。

(4)教程与文档。

教程与文档是 AI 大模型社区帮助用户快速学习和掌握大模型技术的关键资源,提供从入门到高级的教程和文档,包括技术博客、操作指南和案例分析等。这些资源覆盖模型开发、部署和应用的各个环节,适合不同技术水平用户的学习需求。

(5)社区交流。

社区交流是 AI 大模型社区促进技术分享与协作的重要平台。用户可以通过论坛、问答区和技术沙龙等渠道,分享经验、提问求解或参与开源项目开发。这种开放的交流模式有助于推动技术的快速发展和创新。

(6)API 服务。

API 服务通过标准化接口,允许用户直接调用社区内的大模型进行推理或生成任务。这些接口支持多种编程语言和平台,便于快速集成到业务系统,从而降低开发成本。

(7)生态支持。

生态支持旨在推动大模型技术的商业化应用,促进企业与开发者的协同合作。社区通过提供行业解决方案、合作案例和开发者计划等,帮助用户将大模型技术落地到医疗、金融、教育等领域。

(8)创新与前沿研究。

创新与前沿研究是 AI 大模型社区推动技术进步的重要平台。社区通过提供学术论文、研究报告和开源项目等资源,为研究人员提供技术支持和交流平台,促进大模型技术的持续创新。

**2. AI 大模型社区应用** 对于学习烹饪专业的学生来说,了解和利用 AI 大模型社区可以带来很多益处,具体如下。

(1)学习与技能提升。

AI 大模型社区通常会提供简单易懂的入门教程、操作指南和学习资源,帮助用户了解大模型的基本概念、应用场景,并掌握利用大模型辅助学习和实践的方法。例如,了解 AI 如何分析菜谱、推荐原料搭配,甚至模拟不同烹饪方法的可能效果。

(2)知识与经验获取。

在 AI 大模型社区,用户会分享自己的研究成果、使用 AI 的经验和技巧。学生可以通过社区动态,直观了解他人是如何利用 AI 解决烹饪中遇到的问题,或者如何用 AI 进行创意设计,从中获取宝贵的经验。

(3) 合作与创新。

AI 大模型社区会发布开放项目,鼓励用户共同参与。对于烹饪专业学生而言,尽管当前参与度有限,但了解这种合作模式,对未来与跨领域人才合作(如与 AI 工程师合作开发智能烹饪设备)很有启发。

(4) 激发创意与解决问题。

AI 大模型社区经常举办各种趣味竞赛和挑战活动。学生参与此类活动,可以锻炼学习运用 AI 思维来解决烹饪难题的能力,如设计营养均衡的菜单、优化厨房工作流程等。

(5) 强大的硬件支持。

大模型的运行需要高性能计算机支持,如同烹饪需要优质的炉灶和刀具一样。AI 大模型社区通常会提供一些资源或信息,帮助用户了解如何获取必要的"工具",以便测试和改进利用 AI 构思的方案。

(6) 了解行业应用。

通过 AI 大模型社区,用户可以了解 AI 技术在餐厅管理、菜品研发、营养分析、消费者体验提升等领域的应用,了解烹饪行业未来发展趋势。

(7) 推动技术规范。

社区讨论有助于形成 AI 使用的共识和标准,促进技术健康发展,这对我们未来使用这些技术颇具意义。

**3. 常见的 AI 大模型社区** 目前有很多优秀的 AI 大模型社区,下面介绍几个比较有名的,供大家了解。

(1) 魔搭社区(ModelScope)。

魔搭社区是中国的一个开源模型平台,旨在让模型应用更简单、易用。它提供多种类型的模型,开发者可以免费体验、下载和使用,特别适合希望快速上手并应用 AI 模型的开发者。

官方网址:https://www.modelscope.cn/,如图 3-2-7 所示。

图 3-2-7 魔搭社区官方网站

(2) 飞桨星河社区(AI Studio)。

AI Studio 依托百度飞桨平台,支持多种大模型,并提供了强大的计算资源(如高性能的 GPU),方便开发者进行模型训练和测试,同时汇聚了大量 AI 创新应用案例。

官方网址：https://aistudio.baidu.com/，如图 3-2-8 所示。

图 3-2-8　飞桨星河社区官方网站

(3) 昇腾社区。

昇腾社区是基于华为昇腾系列处理器和基础软件构建的全栈 AI 计算基础设施，旨在为开发者、企业和高校提供全方位的技术支持和服务。其核心目标是促进大模型技术的创新与应用，推动 AI 生态繁荣发展。

官方网址：https://www.hiascend.com/software/modelzoo/，如图 3-2-9 所示。

图 3-2-9　昇腾社区官方网站

(4) Hugging Face。

Hugging Face 是一个非常受欢迎的开源机器学习平台，汇聚了海量的开源模型、应用和数据集，用户可以自由探索和使用，堪称 AI 领域的"零件库"和"工具箱"。

官方网址：https://huggingface.co/，如图 3-2-10 所示。

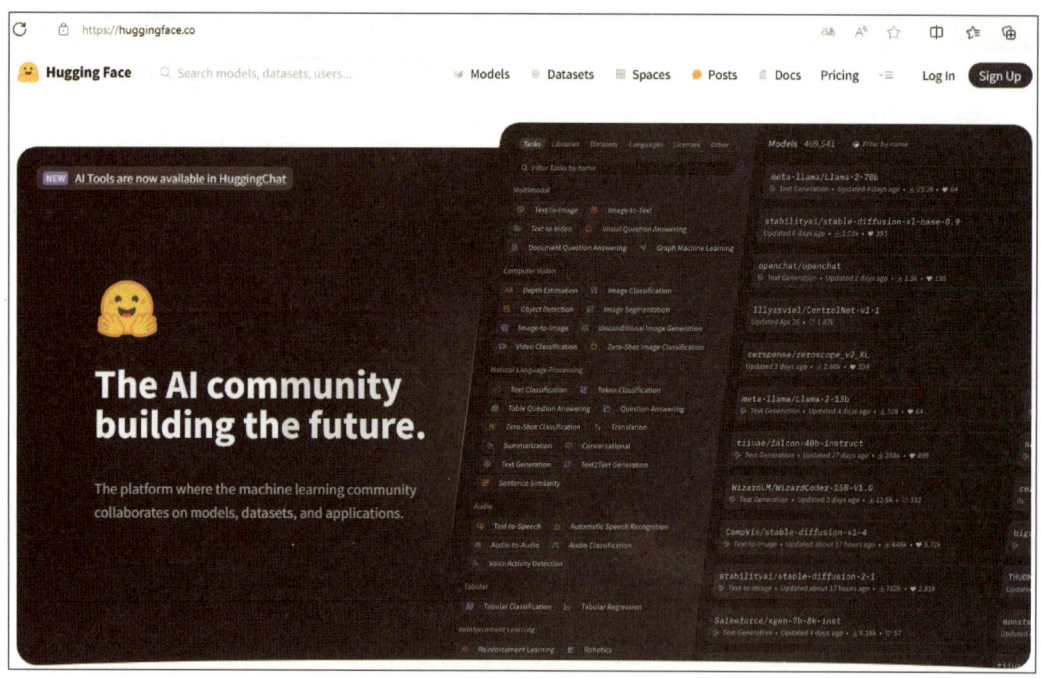

图 3-2-10　Hugging Face 官方网站

Hugging Face 的国内镜像网址为 https://hf-mirror.com/，它可以帮助国内用户更方便地获取资源，如图 3-2-11 所示。

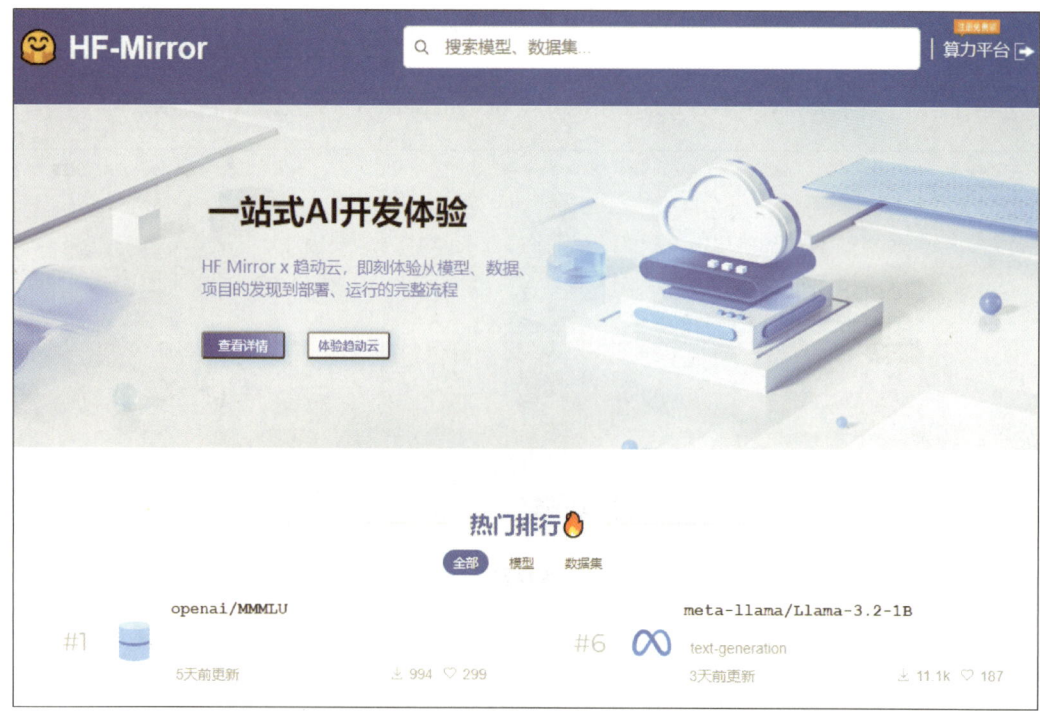

图 3-2-11　Hugging Face 国内镜像网站

（5）Kaggle。

Kaggle 是一个大型的 AI 和机器学习社区，聚集了大量用户。它不仅提供丰富的学习资源，还涵盖竞赛项目、数据集和代码分享，为希望通过实践学习 AI 的用户提供了很多可以参与的项目。

官方网址：https://www.kaggle.com/，如图 3-2-12 所示。

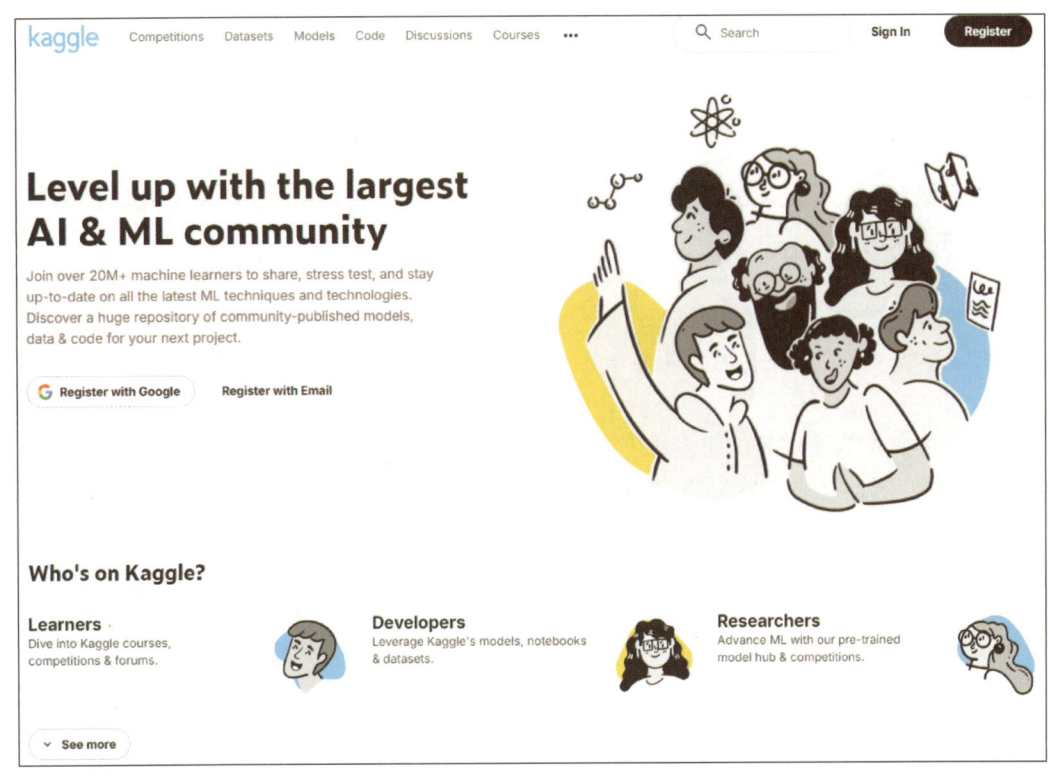

图 3-2-12　Kaggle 官方网站

Kaggle 以举办各种竞赛闻名，涵盖适合新手的练习赛到奖金丰厚的大型商业挑战赛，是锻炼 AI 技能的优质平台。

AI 大模型社区是学习、探索和应用 AI 技术的宝贵资源，了解其存在和价值，对于未来跟上烹饪行业的技术发展，将非常有帮助。在未来的学习和职业生涯中，保持开放心态，拥抱新技术，方能成为新时代的烹饪技术专家。

## 二、提示工程

### （一）什么是提示词

精准的 Prompt 设计是释放 AI 潜力的关键。在烹饪领域，从基础的菜谱生成到复杂的营养配比计算，明确的指令能够将 AI 从基础工具转化为专业烹饪助手。这种转化不仅依赖于技术性描述，更需要结合场景需求进行结构化引导，使输出内容兼具实用性与创新性。

Prompt 是用户向 AI 发出的指令或问题，其核心作用在于通过明确引导，使 AI 生成符合预期的内容。Prompt 的清晰度直接影响输出质量，这类似于食谱中详细的操作步骤能确保烹饪结果可控，明确的指令能确保 AI 输出高质量的内容（图 3-2-13）。

Prompt 的核心价值主要体现在两方面：一是通过具体描述提高输出内容的准确性。例如，模糊指令"炒土豆丝"可能仅得到基础配方，而明确要求"清

图 3-2-13　输入和输出的关系

炒土豆丝,列出原料清单、准备步骤、烹饪流程、成品标准"则能获得可操作性强的方案。二是适配多样化任务需求。例如,AI可根据不同指令切换至设计创意菜谱、解决原料替代问题或优化烹饪技术等场景。

（二）如何编写提示词

编写优质Prompt需把握四大核心维度。

**1. 明确目标定位**　首先确立精准的目标定位,通过明确任务类型、语言风格及输出格式,可显著减少AI的无效输出。

> 目标定位不明确:我要做点吃的。
> 目标定位明确:设计一道适合夏季午宴的泰式凉拌菜,主料包含虾和青芒果。

**2. 提供背景信息**　其次需构建多维背景信息网络,包括行业领域特征、用户画像、应用场景及数据支撑等要素。通过这些信息为AI建立内容理解的认知框架,以显著提升其输出内容的精准度。构建背景信息示例如下。

> 需求场景:为健身人群设计。
> 工具限制:仅限空气炸锅。
> 特殊要求:低脂,高蛋白,准备时间少于30 min。

**3. 拆分复杂任务**　面对复杂任务时,应采用工程化拆解策略:将宏观目标分解为可执行的子任务模块。这种分阶处理能有效降低大模型的理解负荷。

> 原始需求:教我做一整套年夜饭。
> 优化拆分:
> 冷盘:醉鸡制作步骤(去骨技巧)。
> 主菜:红烧肉的油脂控制方法。
> 汤品:老火汤的省时版。
> 甜品:传统绿豆糕制作步骤。

**4. 使用清晰指令**　最后,必须遵循清晰指令表达原则,采用"动作动词＋操作对象＋限定条件＋输出格式"的结构化模板。

> 模糊指令:把肉做好吃点。
> 清晰指令:
> 请用传统炒糖色法处理红烧肉;
> 600 g带皮五花肉切成3 cm大小的方块;
> 使用冰糖炒糖色;
> 加入八角、桂皮、香叶、干辣椒等香料。

（三）常用的提示词模板

提示词模板是一套结构化的指令框架,通过明确任务目标、输出格式、角色设定或约束条件,将用户需求转化为大型语言模型能精准理解的引导指令,其作用在于高效聚焦生成方向、规范内容形

式、突破模型潜在限制并激活复杂任务处理能力，最终在降低人工调试成本的同时，平衡AI输出的开放创意与可控实用性，成为连接人类意图与机器能力的高效协作工具。Prompt模板就像给AI的"点菜指南"——将你想让AI做的事（如写菜谱、分析问题），拆解成明确的步骤和要求，如"设定什么角色"（假设你是大厨）、"按什么格式输出"（分原料、步骤、小技巧）、"不能出现什么"（如不加辣）。

常用的Prompt模板包括以下几类。

**1. 指令式模板** 适用场景：直接获取菜谱、原料替换建议等。

示例如下。

> 详细指令：写一份酸辣汤的详细菜谱，需包含以下部分。
> 原料清单（4人份，标注可替代选项，如素食版）；
> 烹饪步骤（分备料、炒制、炖煮三步）；
> 关键技巧（如何平衡酸辣味）。

**2. 角色扮演模板** 适用场景：专业视角的烹饪指导或创意开发。

示例如下。

> 角色设定：假设你是国宴级中餐行政总厨，正在构思一道以"秋菌雅集"为主题的中华料理头盘。
> 要求：
> 描述菜品概念（风味搭配灵感）；
> 列出核心原料与摆盘设计；
> 提供分子料理技法（如泡沫或低温慢煮）。

**3. 逐步思考模板** 适用场景：复杂技法解析或失败原因排查。

示例如下。

> 分步推理：为什么我蒸的馒头总不够蓬松？请按以下逻辑分析。
> 可能性1：发酵控制问题→解释判断标准与补救方法；
> 可能性2：蒸制火候失误→建议家庭炊具操作要点；
> 可能性3：揉面排气不足→演示螺旋揉压手法。

**4. 示例引导模板** 适用场景：模仿特定风格或标准化输出。

示例如下。

> 输入-输出示例：
> 参考以下菜谱格式：
> 菜名：扬州炒饭。
> 风味标签：咸鲜、清爽、淮扬风味。
> 核心技巧：隔夜饭炒制确保粒粒分明，蛋液裹饭呈现金黄色。
> 请用相同格式写一份四川麻婆豆腐的菜谱。

**5. 对比分析模板**　适用场景：选择最优烹饪方案或原料。
示例如下。

> 多维度对比：对比传统炭火烧烤与家用空气炸锅制作羊肉串的差异。
> 风味（烟熏感、油脂控制）；
> 操作难度（时间、清洁）；
> 健康性（致癌物风险）。
> 给出结论：家庭聚会推荐哪种方式？

**6. 反向提问模板**　适用场景：优化菜谱或预判潜在问题。
示例如下。

> 批判性提问：我计划推出一款低糖绿豆糕商业产品，请列出：
> 消费者可能担心的3个问题（如保质期、甜度不足）；
> 针对每个问题的解决方案（如添加天然防腐剂）。

**7. 条件约束模板**　适用场景：特定饮食限制或创意挑战。
示例如下。

> 多重限制：
> 设计一道符合以下条件的早餐。
> 纯素食（无肉、蛋、奶）；
> 15 min内完成；
> 包含3种以上不同颜色原料；
> 主食为白米粥，但需突破传统吃法。

**8. 开放式探索模板**　适用场景：创意菜品研发或饮食文化研究。
示例如下。

> 如果未来人类殖民火星，农业受限于封闭环境，如何重新设计传统中餐的炒技法？需考虑以下几点。
> 能源利用率；
> 循环水系统；
> 太空原料特性（如低重力对油扩散速度的影响）。

**9. 混合模板**　适用场景：综合性餐饮企划或比赛方案。
示例如下。

> 组合任务：作为高级餐厅主厨（角色扮演），设计一份"可持续海鲜主题"的套餐（指令式）。
> 包含前菜、主菜、甜点（条件约束）；
> 对比使用养殖三文鱼与野生三文鱼的伦理影响（对比分析）；
> 为每道菜添加"零废弃"技巧（如鱼骨熬汤）。

（四）提示词编写示例

**1. 场景需求**

（1）目标用户：烹饪新手，希望通过简单步骤学会清炒土豆丝。

（2）核心需求：清晰指导原料处理、刀工技巧、火候控制，避免土豆丝软烂、粘锅或调味失衡。

**2. 不使用 Prompt 提问**

（1）问题示例：如何做清炒土豆丝？

（2）得到回答：土豆切丝，锅里倒油，放辣椒炒香，下土豆丝翻炒，加盐和醋出锅。

（3）问题分析：步骤过于简略，未说明切丝技巧、是否浸泡去除淀粉；未明确火候（大火/小火）、调味顺序（先放醋还是后放醋）；忽略常见问题（如土豆丝粘锅、口感软烂，土豆切丝粗细不均，导致受热不均，口感不佳）。

**3. 编写 Prompt**

（1）明确目标定位：为厨房新手提供无失败风险的清炒土豆丝教程。

（2）提供背景信息。

用户痛点：刀工差，土豆丝易粘锅、口感软烂。

工具限制：普通炒锅，无刨丝器。

（3）拆分复杂任务。

材料预处理（切丝、去除淀粉）。

炒制步骤（热锅、调味时机）。

（4）使用清晰指令。

具体量化（如土豆丝粗细 2 mm，浸泡 10 min）。

关键技巧标记（如全程大火，沿锅边淋醋）。

（5）得到完整 Prompt。

> 你是一位专业中餐厨师，需指导新手完成清炒土豆丝，要求如下。
> 
> 详细说明材料准备：主料、辅料、调料的种类和用量。
> 
> 分步骤拆解：
> 
> 刀工技巧：如何切出均匀细丝。
> 
> 预处理：如何防止土豆丝氧化发黑。
> 
> 烹饪步骤：如何爆香蒜末、干辣椒。土豆丝翻炒要点，辅料加入顺序，土豆丝增脆技巧，调味技巧。
> 
> 强调注意事项：如何调节火候大小、增脆和提香要点。
> 
> 表达要求：用口语化表达，避免专业术语。

**4. 使用 Prompt 得到的答案**　具体如下。

> 主辅料：土豆 1 个（去皮后约 200 g），青椒 1 个，干辣椒 2 个，蒜 2 瓣。
> 
> 调料：盐 3 g，白醋 1 勺（约 5 mL），油（适量）。
> 
> 步骤：
> 
> ①切土豆丝：土豆先切成 2 mm 厚薄片，再叠放切丝（新手可用筷子垫在土豆侧边防滑）。切好的土豆丝立即泡冷水 10 min，去除表面淀粉（防粘锅且口感更脆）。
> 
> ②预处理：青椒去籽切丝，干辣椒剪段，蒜切末。土豆丝沥干水分，再用厨房纸吸干水分（避免油溅）。

③爆炒：锅烧至冒烟，倒 2 勺油，转小火爆香蒜末、干辣椒（防止焦煳）。转大火，土豆丝下锅快速翻炒 30 s 至半透明。加青椒丝，沿锅边淋半勺醋（激发香味），继续炒 20 s。关火前加盐和剩余半勺醋，翻匀立即出锅。

关键技巧：全程大火锁住水分，炒制总时间不超过 1 min。醋分两次加：第一次增脆，第二次提酸香。

扫码看视频

## 任务三　体验 AI 大模型烹饪应用

### 任务目标

1. 了解 AI 烹饪知识库，通过 AI 助理提供个性化烹饪学习，辅助学习烹饪知识和技能，展示 AI 在烹饪领域的应用潜力。

2. 通过小明在品味轩餐厅实习的经历，了解 AI 如何在餐饮日常的办公协作、文本生成和图像生成三个场景中发挥作用。

3. 了解如何与 AI"沟通"——设计有效的提示词，让 AI 成为智能烹饪伙伴。

### 任务导入

依据企业真实餐饮和烹饪场景，结合 AI 大模型，按专业、课程、章（节）设计知识库结构，围绕烹饪专业核心课程构建知识库内容，通过系统采集每一门烹饪课程的数字资源，如课件（PPT 或 Word 文档）、章节配套题目、课程常见问题解答（FAQ）等，建设 AI 烹饪知识库。通过建立知识库应用平台，依托知识库内容为学生配置 AI 导师（AI 助理），提供 AI 学习辅导等智能化服务。

本任务将探讨大模型技术在烹饪领域的应用，学习如何通过 AIGC 和提示工程提升烹饪体验，了解知识库与 AI 助理的结合如何优化烹饪知识管理与服务效能，以及如何通过 AI 大模型社区获取更多学习资源和交流机会。

小明是烹饪专业二年级学生，目前正在学校合作的品味轩餐厅进行为期三个月的实习。接下来，我们将以他在实习中的经历为例，具体、真实地展示 AI 如何在餐饮日常的办公协作、文本生成和图像生成三个场景中发挥作用。同时，我们还将学习如何与 AI"对话"，即设计有效的提示词，让它真正成为我们得力的智能烹饪伙伴。

### 知识精讲

#### 一、AI 烹饪知识库应用

（一）知识库与 AI 助理简介

**1. 什么是知识库与 AI 助理**　在数字化转型的背景下，知识库与 AI 助理作为 AI 技术的两大核

心载体,已成为提升信息管理效率和用户服务体验的关键工具(图 3-3-1)。知识库依托结构化的数据存储与高效检索能力,为各领域提供可靠的知识资源池;AI 助理则以自然语言交互为核心,赋予机器理解用户需求、响应指令和执行任务的能力。二者的深度融合,形成了"数据支撑服务、服务反哺数据"的协同闭环——知识库为 AI 助理提供精准的知识来源,确保其输出内容的权威性与可靠性;AI 助理则依托人性化交互能力,将静态知识转化为动态服务,拓展应用场景并提升知识转化效率。

图 3-3-1　知识库与 AI 助理

**2. 常用的知识库产品**

(1) 腾讯乐享 AI 知识库:结合检索增强生成(RAG)技术深度理解企业私域知识,支持多轮问答交互,回答准确率高且有效避免答非所问。

(2) 得助智能知识库:依托 AI 自动生成知识库,支持文档对话与智能解析功能,并集成企业微信、钉钉等平台,适用于快速部署场景。

(3) IMA(腾讯):接入 DeepSeek-R1 满血模型,支持基于个人知识库提问,并结合思维链能力提供复杂问题解答服务。

(4) 知学云 AI 知识库:基于员工岗位信息和学习历史智能推荐知识内容,有效提升培训效率。

**3. 知识库与 AI 助理的功能**

(1) 知识管理:AI 助理与知识库结合的重点应用方向,主要用于帮助厨师、美食爱好者或餐饮企业高效整理、存储和利用烹饪相关知识。例如,系统可以自动处理各类烹饪资料(如手写食谱、菜单表格、烹饪视频或原料图片等),将其统一保存为标准化格式,还能从手写笔记或旧菜谱图片中智能提取文字信息,免除手动输入的烦琐。同时,系统能分析文档中的关键内容(如原料名称、烹饪技巧等),并将这些内容的关系用直观的图表呈现。例如,在开发新菜品时,系统会自动关联原料的搭配规律(如"牛肉炖煮加入山楂片,果酸软化肉质使其更酥烂""清蒸鱼需垫姜葱,辛香味可去腥并锁住鱼肉的鲜嫩"),帮助厨师快速获取灵感。此外,用户搜索烹饪方法时,除通过关键词(如"红烧肉")查找外,还可以用自然语言提问(如"家里只有鸡蛋和土豆能做什么菜?"),系统会自动理解用户需求,推荐知识库中的创意菜谱(如"土豆煎蛋饼"),并结合用户口味偏好提供相关菜品建议,进一步提升烹饪效率。

(2) 智能答疑:智能答疑功能让 AI 助理像经验丰富的厨师一样解答烹饪问题。它通过连接知识库中的专业内容,实时提供实用建议,并支持文字、语音等多种提问方式。例如,当用户询问"如何让馒头更暄软?"时,AI助理会立即从面点制作原理库中提取关键技巧(如"发面技巧""蒸锅火候控制"),并提供分步操作指导。对于复杂问题,AI助理还能结合对话上下文灵活应对。例如,用户先问"如何做麻婆豆腐?",接着追问"没有豆瓣酱怎么办?",AI助理会自动识别这是同一菜品的替代方案需求,推荐用豆豉加辣椒粉作为代替方案。为保障回答可靠,AI助理会在答案中标注信息来源(如具体食谱书籍、权威厨师的公开教程等)。例如,解答"糖醋汁调配比例"问题时,AI不仅会给出步骤,还会附上经典烹饪教材中的参考章节,方便用户核对专业细节。

(二)构建和使用AI烹饪知识库

**1. 需求场景** 构建武汉市第一商业学校的AI烹饪知识库平台,以国家级中餐烹饪专业教学资源库为基础为烹饪技能学习提供AI助理和知识服务。同步建设该校常福曾老师的真实数字分身(即AI数字教师),并基于此制作"中式热菜制作"数字课程。利用AI等技术生成AI数字教师(数字人),将片头与片尾、课程课件、背景素材、转场效果、数字教师音频和人像等内容合成课程视频。

**2. 构建AI烹饪知识库** 按专业、课程、章(节)设计知识库结构,通过采集烹饪专业相关课程的数字资源,经数据预处理和标注后,以课程为单位构建课程数字资源(如精品在线开放课程);在此基础上,结合RAG技术、向量数据库和大模型等技术,对资源进行向量化处理,最终完成AI烹饪知识库的建设。

(1)课程数字资源准备。

依据国家精品在线课程"中式热菜制作",采集该课程数字资源(图3-3-2),主要包括课程教学大纲、课件(PPT或Word文档)、章节配套题目(含题干、选项、答案、解析)、课程FAQ、教材等。

图3-3-2 课程数字资源

(2)数据预处理和标注。

将课程的教材文档内容及章节题库内容转换为Markdown(md)格式文档(图3-3-3),同步对课程视频及相关图片素材进行标准化处理。

（3）建立课程。

以课程为单位构建课程数字资源库，登录管理员账号进入平台，依次完成课程创建与章节目录搭建，按章节分类上传预处理后的数字资源（图3-3-4）。

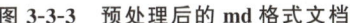

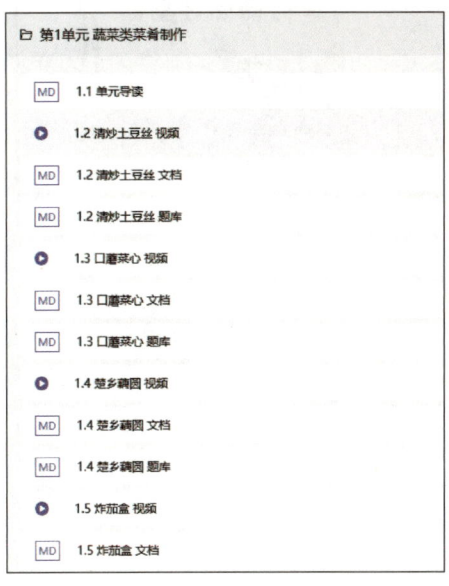

图3-3-3 预处理后的md格式文档　　　　　　图3-3-4 课程章节和数字资源

（4）数字资源向量化处理。

在构建AI烹饪知识库的过程中，数字资源向量化处理是一个关键环节。这一步骤将非结构化的数字资源转换为计算机可理解、可处理的向量形式，为后续的相似度检索和知识生成奠定了基础（图3-3-5）。

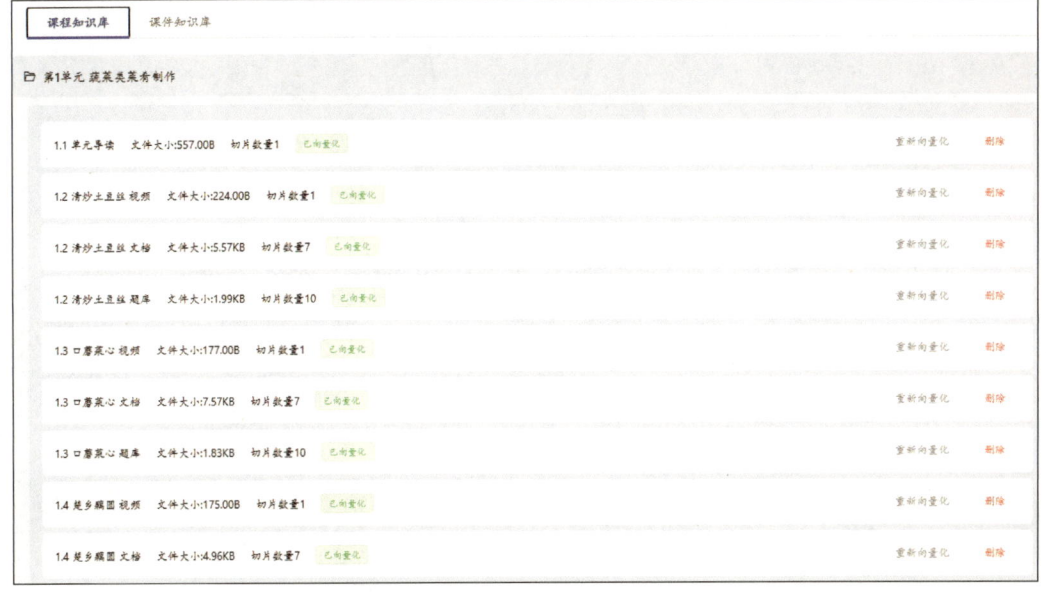

图3-3-5 数字资源向量化处理

（5）AI烹饪知识库和AI助手的使用。

应用武汉市第一商业学校 AI 烹饪知识库平台(图 3-3-6),通过统一的 AI 助手入口,采用智能路由机制自动匹配知识库资源,为烹饪技能学习提供即时知识服务。

图 3-3-6　AI 烹饪知识库

点击课程后,进入课程详情页面,如图 3-3-7 所示。

图 3-3-7　课程详情页面

选择视频、文档、题库等进行学习,如点击"清炒土豆丝 视频"(图 3-3-8)即可开始学习。

若在课程详情页面点击"AI 问答"则视为课程问答,选择章节中内容再进行问答则视为章节问答。

图 3-3-8 "清炒土豆丝"视频

①课件:知识问答。

进入"中式热菜制作"课程,点击"1.2 清炒土豆丝 文档",点击"AI学习助手",如图 3-3-9 所示。

图 3-3-9 课件知识问答

在"AI学习助手"页面选择"知识问答",选择提示词模板,如"基础问答",输入对话内容,如"清炒土豆丝的步骤",提示词:请回答【清炒土豆丝的步骤】,如图 3-3-10 所示。

AI学习助手开始回答,如图 3-3-11 所示。

②客观题:题库检索。

点击"1.2 清炒土豆丝 题库"进入题库,点击"AI学习助手",再点击"开启新对话",如图 3-3-12 所示。

在"AI学习助手"页面选择"题库检索",然后选择一个提示词模板,如"快速解答";根据提示词模板输入对话内容,如"土豆的最佳食用季节是( )",输入提示词:请快速解答,【土豆的最佳食用季节是( )】,如图 3-3-13 所示。

图 3-3-10　输入提示词 1

图 3-3-11　AI 学习助手回答结果 1

图 3-3-12　客观题题库检索

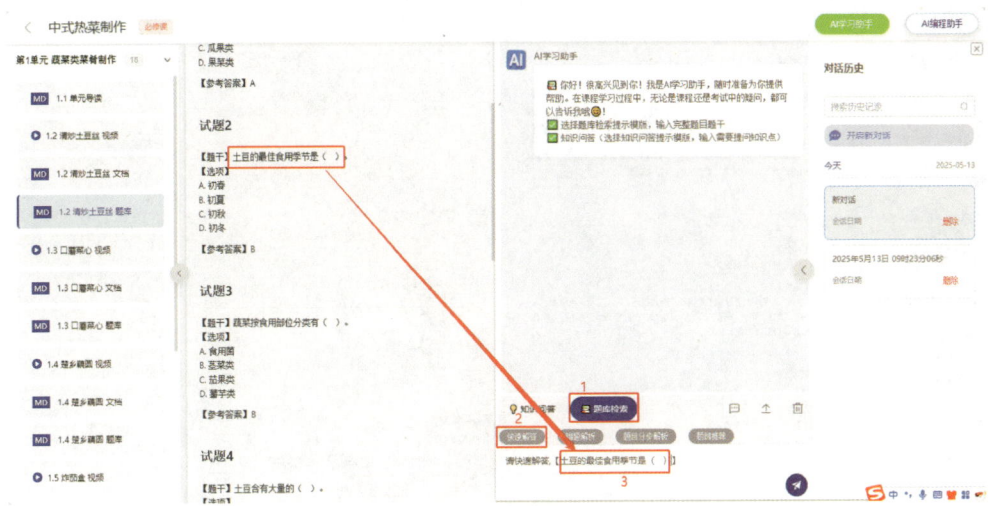

图 3-3-13　输入提示词 2

AI 学习助手开始回答,并提供解析,如图 3-3-14 所示。

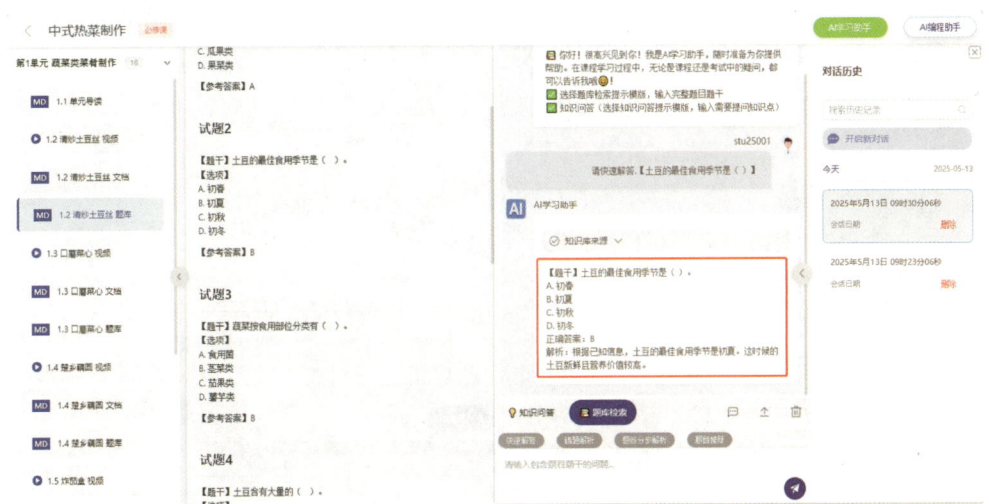

图 3-3-14　AI 学习助手回答结果 2

③问答题:知识问答。

继续在"1.2 清炒土豆丝 题库"中进行提问,在"AI 学习助手"页面选择"知识问答",然后选择一个提示词模板,如"基础问答";根据提示词模板输入对话内容,如"切土豆丝的标准是什么?",输入提示词:请回答,【切土豆丝的标准是什么?】,如图 3-3-15 所示。

AI 学习助手开始回答,如图 3-3-16 所示。

## 二、办公应用

提示词是我们与 AI 沟通的钥匙。通过精心设计的提示词,可使 AI 完成信息整理、文本生成、内容格式化等任务,极大地提升了餐饮工作中文字和信息的处理效率。

(一)整理消费者反馈,提炼改进要点

小明在品味轩餐厅实习期间,主管交给他一项任务:整理上周推出的"夏日清爽"主题特饮的消费者反馈。原始反馈来自线上点评、纸质意见卡等多种渠道,内容包括赞美、批评、具体的改进建议等。主管要求小明在下午的部门会议上,向经理和同事们汇报主要反馈要点,并提出初步的改进方向。

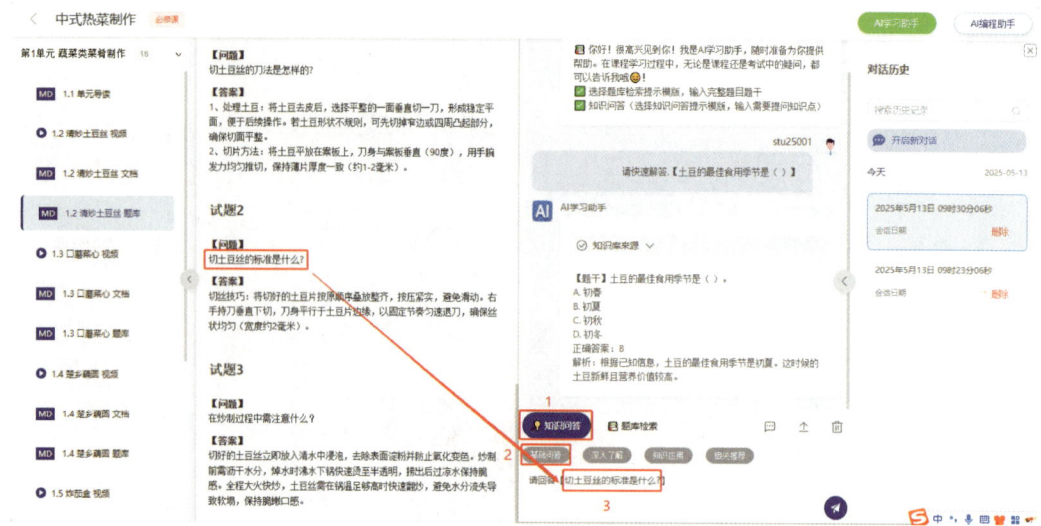

图 3-3-15　输入提示词 3

图 3-3-16　AI 学习助手回答结果 3

1. 挑战

（1）时间紧迫：只有半天时间处理这些信息。

（2）信息量大：涉及几十条甚至上百条评论，内容长短不一。

（3）内容芜杂：反馈类型多样，既包含对某款特饮的体验描述、未饮用者的主观评价，也涉及甜度、外观、价格等的评价，甚至包含对服务的抱怨。

（4）提炼要求高：不能简单罗列，需要分类、总结，并突出重点。

2. 思考与决策　具体如下。

"手动整理的话复制粘贴、逐条阅读、分类标记……这得花多少时间？而且容易遗漏关键信息，或者因为主观判断导致总结偏差。"

"我记得老师说过，AI 擅长处理文本，能快速分析信息。上次我用 AI 润色实习周记，效果还不错。也许这次可以试试？"

"关键是怎么跟 AI 说清楚我的需求？提示词该怎么写？"

## 3. 处理过程

（1）选择 AI 工具。

小明选择了一个他比较熟悉且操作界面友好的 AI 助手（如 WPS AI、文心一言、ChatGPT 等）。这些工具有较强的上下文处理能力，支持一次性输入大段文本，且拥有较丰富的文本分析功能。

（2）收集与输入原始数据。

小明将收集到的所有消费者评论（包括文字截图、照片、电子文档等）进行转录，尽量保持原文信息的完整性。原始数据（部分）说明如下。

- 线上点评平台（如大众点评、美团）截图

  截图1（用户 A）：

  文字内容："来试试他们家新出的'夏日清爽'系列，点了'柠檬薄荷冰饮'。酸酸甜甜的，薄荷味很足，很解暑！就是感觉柠檬味稍微淡了点，希望能再酸一点。价格有点小贵，19元一杯。"

  评分：4星。

  截图2（用户 B）：

  文字内容："'芒果椰奶西米露'真的太棒了！芒果很新鲜，能吃出果肉，椰奶香浓，西米露QQ弹弹的，冰块加得不多，口感很好，是我近期喝过最好喝的芒果类饮品！强烈推荐！"

  评分：5星。

  截图3（用户 C）：

  文字内容："'西瓜冰沙'看起来很诱人，但是吃下去感觉就是普通的冰沙，西瓜味道不太明显。甜度有点偏高了，喝完有点腻。期待下次能改进。"

  评分：3星。

  截图4（用户 D）：

  文字内容："服务态度很好，上饮品很快。'青提气泡水'还不错，清爽。不过杯子的外观设计感觉有点普通，希望能更新一下。"

  评分：4星。

- 餐厅现场留言板照片

  照片1（手写留言）：

  文字内容（识别后）："'蓝莓气泡冰茶'味道很特别，喜欢！但是等了快15 min才拿到，有点久。"

  旁边附有笑脸贴纸。

  照片2（手写留言）：

  文字内容（识别后）："'草莓奶昔'很浓郁，喜欢！但是价格感觉比别家贵一点。"

  旁边附有星星贴纸。

  照片3（手写留言）：

  文字内容（识别后）："'冰镇乌龙茶'太淡了，没什么味道，希望能浓一点。"

  旁边附有不开心表情贴纸。

- 电子文档（如餐厅内部微信群聊天记录或简单的 Excel 表格记录）

  记录1（来自领班）："昨天有位消费者反馈'蜜桃乌龙'有点涩，不是很喜欢。"

  记录2（来自收银员）："今天有消费者称赞'冰镇柠檬水'做得好，很干净，酸度刚好。"

  记录3（来自主管）："收到几条关于'夏日清爽'系列整体评价的短信，消费者普遍觉得创意不错，但部分饮品性价比不高。"

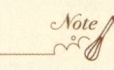

小明需要将这些来自不同渠道、格式不一的原始数据,全部转录(以打字输入的方式)到一个统一的文本文件(如 Word 文档或记事本文件)中,尽量保持原文的原始表达和语气。

①将截图中的文字内容逐字录入。为提高效率,可以使用 WPS 的"提取文字"功能:选择图片后点击右键,选择"提取与转换",点击"提取文字",即可在弹出框中看到提取的文字,复制粘贴到文档中即可。

②照片中的手写留言可通过拍照识别软件转换成文字,或者仔细辨认内容后手动输入。

③电子文档中的记录直接复制粘贴或重新录入即可。

可以简单标注信息来源(如:用户 A、留言板 1、内部记录 1),以便后续 AI 分析时参考。

最终输入给 AI 的原始数据示例(部分展示)如下。

——线上点评平台反馈——

用户 A(4 星):来试试他们家新出的"夏日清爽"系列,点了"柠檬薄荷冰饮"。酸酸甜甜的,薄荷味很足,很解暑!就是感觉柠檬味稍微淡了点,希望能再酸一点。价格有点小贵,19 元一杯。

用户 B(5 星):"芒果椰奶西米露"真的太棒了!芒果很新鲜,能吃出果肉,椰奶香浓,西米露 QQ 弹弹的,冰块加得不多,口感很好,是我近期喝过最好喝的芒果类饮品!强烈推荐!

用户 C(3 星):"西瓜冰沙"看起来很诱人,但是吃下去感觉就是普通的冰沙,西瓜味道不太明显。甜度有点偏高了,喝完有点腻。期待下次能改进。

用户 D(4 星):服务态度很好,上饮品很快。"青提气泡水"还不错,清爽。不过杯子的外观设计感觉有点普通,希望能更新一下。

——现场留言板反馈——

留言板 1(笑脸):"蓝莓气泡冰茶"味道很特别,喜欢!但是等了快 15 min 才拿到,有点久。

留言板 2(星星):"草莓奶昔"很浓郁,喜欢!但是价格感觉比别家贵一点。

留言板 3(不开心):"冰镇乌龙茶"太淡了,没什么味道,希望能浓一点。

——内部记录反馈——

内部记录 1(领班):昨天有位消费者反馈"蜜桃乌龙"有点涩,不是很喜欢。

内部记录 2(收银员):今天有消费者称赞"冰镇柠檬水"做得好,很干净,酸度刚好。

内部记录 3(主管):收到几条关于"夏日清爽"系列整体评价的短信,消费者普遍觉得创意不错,但部分饮品性价比不高。

这样一来,小明就完成了将原始、零散的消费者反馈数据,整理成 AI 可以理解和处理的统一文本格式。接下来,他便可以设计合适的提示词,让 AI 来分析这些数据了。

(3) 设计并优化提示词。

小明尝试输入提示词:"帮我总结一下这些关于特饮的评论。"提交请求后,AI 会根据传入的评论数据进行整理,得到总体评价、具体饮品反馈、关键问题及改进方向。具体内容如下。

一、总体评价

• 正面:总体来说,消费者对特饮的口感和创意给予了肯定,尤其对新鲜水果的使用和部分饮品的独特风味表示赞赏;服务态度和出餐速度也获得了好评。

• 负面:主要集中在价格、甜度/浓度、出餐速度和杯子外观四方面。部分消费者认为价格偏高,性价比不高;部分饮品的甜度或浓度需要调整;部分饮品的等待时间较长;杯子外观设计较为普通。

## 二、具体饮品反馈

| 饮品名称 | 优点 | 缺点 | 改进建议 | 总体评价 |
| --- | --- | --- | --- | --- |
| 柠檬薄荷冰饮 | 酸酸甜甜,薄荷味足,解暑 | 柠檬味淡,价格贵(19元) | 增加柠檬味,考虑调整价格 | 4星 |
| 芒果椰奶西米露 | 芒果新鲜,果肉明显,椰奶香浓,西米露Q弹,冰块少,口感好 | | | 5星 |
| 西瓜冰沙 | 外观诱人 | 西瓜味不明显,甜度偏高,喝完有点腻 | 增加西瓜风味,降低甜度 | 3星 |
| 青提气泡水 | 清爽 | 杯子外观设计普通 | 更新杯子外观设计 | 4星 |
| 蓝莓气泡冰茶 | 味道特别 | 等待时间久(约15 min) | 提高出餐速度 | 笑脸 |
| 草莓奶昔 | 浓郁 | 价格比别家贵 | 考虑调整价格或提供更大分量 | 星星 |
| 冰镇乌龙茶 | | 味道淡 | 增加茶味浓度 | 不开心 |
| 蜜桃乌龙 | | 有点涩 | 改善口感,减少涩味 | 领班记录 |
| 冰镇柠檬水 | 干净,酸度刚好 | | | 收银员记录 |
| "夏日清爽"系列(整体) | 创意不错 | 部分饮品性价比不高 | 考虑整体价格策略,提升性价比或者加强宣传"夏日清爽"的概念,让消费者理解价格定位 | 主管记录 |

### 三、关键问题及改进方向

- 价格策略:多个反馈提及价格问题,需要重新评估定价策略,平衡成本和消费者接受度。可以推出不同规格的饮品,为消费者提供更多选择。
- 甜度/浓度调整:根据不同饮品的反馈,针对性调整甜度和浓度,如增加柠檬味、降低西瓜冰沙的甜度、增加冰镇乌龙茶的浓度。
- 出餐速度:优化制作流程,提高出餐效率,重点针对蓝莓气泡冰茶等制作时间较长的饮品。
- 杯子外观:设计更具吸引力的杯子外观,增强消费者体验。
- 产品宣传:加强对"夏日清爽"系列等特色饮品的宣传,让消费者了解其特点和定价依据,提升其感知价值。

### 四、总结

这家店的特饮在口感和创意上有一定优势,但在价格、甜度/浓度、出餐速度和杯子外观等方面仍有改进空间。通过调整价格策略、优化产品配方、提升出餐效率和改进外观设计,可以更好地满足消费者需求,提升消费者满意度和忠诚度。

第一次优化:看了上面的内容后,小明意识到需要提出更具体的要求,于是将提示词做如下修改:请分析下面这些关于"夏日清爽"主题特饮的消费者评论,总结出消费者最喜欢的三个优点和最希望改进的三个方面。

首先,我们需要梳理出所有关于"夏日清爽"主题特饮的评论(展示部分)。

- 用户 A(4 星):来试试他们家新出的"夏日清爽"系列,点了"柠檬薄荷冰饮"。酸酸甜甜的,薄荷味很足,很解暑!就是感觉柠檬味稍微淡了点,希望能再酸一点。价格有点小贵,19元一杯。
- 用户 D(4 星):服务态度很好,上饮品很快。"青提气泡水"还不错,清爽。不过杯子的外观设计感觉有点普通,希望能更新一下。
- 内部记录 3(主管):收到几条关于"夏日清爽"系列整体评价的短信,消费者普遍觉得创意不错,但部分饮品性价比不高。

其次,我们要从这些评论中提取出消费者提到的优点和缺点。

优点:

- 口感清爽:"酸酸甜甜""薄荷味很足""很解暑""清爽"等都体现了消费者对"夏日清爽"主题特饮口感的认可。
- 创意不错:主管记录中提到了消费者普遍认为该系列创意不错。
- 服务态度好,上饮品快:用户 D 提到了服务态度和上饮品速度,虽然不是直接针对饮品本身,但也属于消费者体验的一部分。

缺点:

- 柠檬味淡:用户 A 希望柠檬味再酸一点。
- 价格小贵/性价比不高:用户 A 和主管记录都提到了价格问题。
- 杯子外观设计普通:用户 D 希望杯子外观能更新一下。

最后,我们根据以上提取的信息,总结出消费者最喜欢的三个优点和最希望改进的三个方面。

消费者最喜欢的三个优点:

- 口感清爽,很解暑:这是最直接的优点,也是"夏日清爽"主题特饮的核心卖点,多位消费者都提到了这一点,说明该系列在满足消费者夏日解暑需求方面做得很好。
- 创意不错:消费者对"夏日清爽"主题特饮的创意给予了认可,这体现出该系列在产品差异化方面有优势,能够吸引消费者尝试。
- 服务态度好,上饮品速度快(消费体验良好):良好的服务态度和快速的出餐速度虽然不是饮品本身的优点,但提升了消费者的整体消费体验,是重要的加分项。

消费者最希望改进的三个方面:

- 调整部分饮品的口味(如增强柠檬味):用户 A 的评论指出,部分饮品的口味还有优化空间,可以根据消费者的具体建议进行调整,如增强柠檬味。

- 优化定价策略，提升性价比：价格是消费者比较敏感的因素，多个评论都提到了价格问题，需要重新评估定价策略，平衡成本和消费者接受度。
- 改进杯子外观设计：用户D的评论指出，杯子外观也是影响消费者体验的一个因素，设计更具吸引力的杯子外观可以提升消费者的满意度和分享意愿。

第二次优化（最终版本）：这次AI给出了消费者最喜欢的三个优点和最希望改进的三个方面，但要点不突出，优点和缺点都比较笼统，且不符合会议汇报格式。因此，小明在提示词中加入了更具体的指令和期望的输出格式。

请仔细分析以下关于我们餐厅"夏日清爽"主题特饮的消费者评论。你的任务是：
1. 提炼出消费者普遍认可的优点（如口味、外观、冰度、甜度、颜值、性价比等），请列举至少3点，并简要说明理由（引用评论中的关键词）。
2. 提炼出消费者普遍提出的批评或改进建议（如口味单一、太甜/太淡、冰块过多/过少、价格偏高、包装问题等），请列举至少3点，并简要说明理由。
3. 如果评论中提到了具体的特饮名称，请在总结中有所体现。
格式要求：
请将结果整理成简洁、专业的汇报文本，使用清晰的标题和项目符号（bullet point）。
语气要求（可选）：语气应客观、中立。
附加信息（可选）：这些评论收集于202×年×月×日至×月×日。

小明将优化后的提示词与原始评论一起发送给AI。AI处理后，生成了如下内容。

"夏日清爽"主题特饮消费者评论分析报告

数据收集时间：202×年×月×日至×月×日。

一、消费者普遍认可的优点
- 口感清爽，符合主题。

理由：多个评论提到"清爽""酸酸甜甜""解暑"等关键词，表明消费者对特饮的口感和夏日主题的契合度表示认可。
- 创意新颖，具有吸引力。

理由：内部记录中提到"创意不错"，说明"夏日清爽"系列在产品概念设计上获得了消费者的认可，具有一定的吸引力。
- 服务态度好，出餐速度快。

理由：用户D提到"服务态度很好，上饮品很快"，这表明良好的服务质量和高效的出餐速度有效提升了消费者的整体体验。

二、消费者普遍提出的批评或改进建议
- 部分饮品口味需调整。

理由：用户A提到"柠檬味稍微淡了点，希望能再酸一点"，内部记录1提到"'蜜桃乌龙'有点涩"，说明部分饮品的口味平衡仍有改进空间。
- 性价比有待提升。

理由：用户A提到"价格有点小贵"，内部记录3提到"部分饮品性价比不高"，这表明消费者对特饮的定价存在疑虑，认为价格与实际体验不完全匹配。

- 杯子外观设计较为普通。

理由：用户 D 提到"杯子的外观设计感觉有点普通，希望能更新一下"，说明消费者对特饮的包装设计的期待值较高，当前呈现效果未能完全满足需求。

三、具体特饮反馈
- 柠檬薄荷冰饮：消费者认可其"酸酸甜甜"的口感和"很足"的薄荷味，但认为"柠檬味稍微淡了点，希望能再酸一点"。
- 青提气泡水：消费者认为其"清爽"。
- 蜜桃乌龙：有消费者反馈"有点涩，不是很喜欢"。

四、总结

"夏日清爽"主题特饮在口感、创意设计和服务方面获得了消费者的肯定，但在部分饮品口味、性价比和杯子外观设计方面存在改进空间。建议针对具体特饮的反馈进行口味微调，并重新评估定价策略，同时考虑升级杯子外观设计，以提升消费者满意度和产品市场竞争力。

（4）人工审核与整合。

AI 的输出非常高效和有条理。小明快速浏览了生成结果，发现 AI 精准捕捉到了大部分要点，分类清晰。他特意检查了是否有遗漏的重要信息（如是否有关于服务问题的反馈），确认无误后，他以这份 AI 生成的总结为基础，结合自己的一些理解和主管可能关注的问题，稍作润色和补充（例如，添加"总体来看，消费者对本次'夏日清爽'主题特饮活动反响积极，满意度较高，但也存在一些可改进的空间……"作为开头），最终形成了一份完整的汇报材料。

小明的收获与反思如下。

"AI 真是太厉害了！几分钟就完成了我可能需要一两小时才能初步整理好的工作。"

"关键在于提示词的设计。刚开始我提的要求太笼统，AI 也只会给出模糊的答案。后来我把要求分解得很具体，AI 给出的结果也就更精准、更实用。"

"当然，AI 不是万能的，它给出的只是信息提炼，最终呈现还需要人工审核和润色，确保信息的准确性和完整性。但它确实帮我节省了大量时间和精力，让我能更专注于思考这些反馈背后的深层含义，比如'甜度过高'的问题，具体是哪款特饮的问题？是配方问题，还是制作标准问题？"

"这次经历让我明白，AI 不是要取代我们，而是要赋能我们，把我们从烦琐的事务中解放出来，去做更有价值的工作。"

（二）起草新菜品市场推广文案

品味轩餐厅计划推出一款新菜品"花雕酒蒸鲥鱼"，需要一份吸引人的市场推广文案，用于餐厅菜单、社交媒体推广和外卖平台介绍。

**1. 挑战**　作为实习生，写营销文案不是小明的强项。他担心写出来的文案不够吸引人，无法突出菜品的特色和价值，尤其是如何将"花雕酒"和"鲥鱼"这两个关键元素巧妙地结合并展现二者的魅力。

**2. 处理过程**

（1）信息准备：小明先收集了关于"花雕酒蒸鲥鱼"的所有信息。

> 主料:当季新鲜鲥鱼(鱼身银白、鱼鳞完整),多年陈酿花雕酒。
> 辅料:火腿片、笋片、姜片、葱结。
> 烹饪方法:蒸制(大火快蒸,锁住鲜味)。
> 口感特点:鲜嫩无比、酒香四溢、鱼肉细腻。
> 价格定位:中高端。
> 目标消费者:喜爱传统粤菜、追求原料新鲜和烹饪技艺的食客。

(2)设计提示词。

> 指令:请帮我撰写一份用于餐厅菜单和社交媒体推广的"花雕酒蒸鲥鱼"菜品介绍文案。
> 核心信息:
> 菜品名称:花雕酒蒸鲥鱼。
> 主料:当季新鲜鲥鱼、多年陈酿花雕酒。
> 口感特点:鲜嫩无比、酒香四溢、鱼肉细腻。
> 目标消费者:喜爱传统粤菜、追求原料新鲜和烹饪技艺的食客。
> 价格定位:中高端。
> 风格要求:文案风格要求简洁、专业、富有诱惑力,能激发消费者的食欲和购买欲,并体现粤菜精髓。
> 输出格式:请提供至少两个不同侧重点的版本。版本一突出原料的鲜美和烹饪的精妙;版本二重在营造用餐的氛围和体验。
> 字数限制(可选):每个版本字数控制在100字左右。

AI很快生成了两个版本的文案。

> 版本一 品味鲜之极致!精选当季鲜活鲥鱼,银鳞闪耀,以陈年花雕酒浸润,火腿片、笋片点缀。大火快蒸,锁住每一寸鲜甜。鱼肉细腻滑嫩,酒香馥郁,每一口皆是粤菜精髓的完美呈现。
>
> 版本二 邀您共赴一场味觉雅集!花雕酒蒸鲥鱼,不仅是一道菜,更是一段鲜美的诗篇。在雅致包厢中,感受花雕的醇厚与鲥鱼的鲜甜,让每一刻都浸润在粤菜的细腻与韵味之中。

(3)人工调整:小明觉得两个版本都很有诗意,但版本一更直接地突出了菜品本身的鲜美和烹饪的精妙。他选择了版本一,并根据餐厅的实际情况,微调了几个词语(比如将"鲜之极致"改为"至鲜之味",将"每一口皆是粤菜精髓的完美呈现"改为"让您尽享粤菜至鲜之味"),使其更符合餐厅的调性,并更加突出粤菜的特色。

最后得到如下推广文案:品味至鲜之味!精选当季鲜活鲥鱼,银鳞闪耀,以陈年花雕酒浸润,火腿片、笋片点缀。大火快蒸,锁住每一寸鲜甜。鱼肉细腻滑嫩,酒香馥郁,让您尽享粤菜至鲜之味。

小明的收获如下。

> "AI写文案的速度和创意真的让我惊讶!它生成的文案比我写得专业多了,而且角度也比我考虑得全面。这让我明白了,AI可以成为我创意的起点,我可以基于它的输出进行修改和优化,而不是完全从零开始。"

### 三、文本应用

AI拥有海量的烹饪知识和文本生成能力,可以快速生成符合特定要求的菜谱,甚至进行创意菜谱的开发,为用户学习和创新提供灵感。

#### (一)生成标准菜谱,辅助学习与实习

餐厅要求每个实习生熟悉至少10道经典中式菜谱,并提交详细的制作步骤和关键技巧说明。小明对"鱼香肉丝"这道菜的烹饪过程还不太熟悉,虽能复述大致流程,但对具体调料配比、火候控制、关键技巧等细节记不太清。此外,他还想为实习餐厅设计一款适合减脂餐单的低卡版本。

**1. 挑战**

(1)需要一个详细、标准的"鱼香肉丝"菜谱,包含精确的原料配比和步骤。

(2)需要了解制作过程中的关键技巧和注意事项。

(3)需要生成一个低卡版本的"鱼香肉丝"菜谱。

**2. 小明的思考与决策** 具体如下。

> "图书馆的烹饪书籍很多,但查找特定菜谱和特定版本(如低卡版)可能要花不少时间。网上搜索,信息又杂乱,质量参差不齐。AI能根据我的要求直接生成菜谱吗?试试看!"

**3. 处理过程**

(1)生成标准"鱼香肉丝"菜谱。

设计提示词如下。

> 请生成一个详细的"鱼香肉丝"中式菜谱。要求:①原料清单清晰,包含主料(猪肉、木耳、笋丝等)和辅料(葱、姜、蒜、泡椒等)的具体用量(如猪肉100 g、干木耳10 g、干笋20 g等)。②制作步骤详细,包含准备工作(如猪肉切丝、干木耳泡发、调料汁调制)和烹饪过程(如滑炒肉丝、爆香调料、加入主料、勾芡等)。③特别标注制作过程中的关键技巧和注意事项(例如,肉丝如何滑炒更嫩、泡椒用量对鱼香味的影响、水淀粉的调制比例等)。④适合3人份。

AI生成了一个结构清晰、内容详尽的"鱼香肉丝"菜谱。

> 鱼香肉丝中式菜谱(3人份)
> 一、原料清单
> 主料:
> 猪里脊肉150 g。
> 干木耳10 g。
> 干笋20 g(或鲜笋50 g)。
> 干香菇3朵(可选)。
> 辅料:
> 胡萝卜半根(约50 g)。
> 青椒/红椒半个(约30 g)。
> 葱1根(约15 g)。
> 姜5 g。
> 蒜4瓣。

泡椒 3~4 个(约 20 g)。

调料：

香醋 15 mL。

白糖 10 g。

生抽 10 mL。

老抽 3 mL(上色用)。

料酒 10 mL。

水淀粉 20 mL(约 1 勺淀粉＋2 勺水)。

香油 5 mL。

盐适量。

植物油 30 mL。

二、制作步骤

1. 准备工作

(1) 肉切丝：猪里脊肉逆纹切成细丝(约 0.3 cm 粗)，加 1 勺料酒、1 勺生抽、1 勺淀粉、少许盐和植物油抓匀，腌制 10 min。

关键技巧：肉丝要逆纹切，腌制时加淀粉和少量植物油，滑炒时肉质会更嫩滑。

(2) 泡发原料：干木耳用温水泡发(约 20 min)，洗净后切丝。干笋或干香菇泡发后切丝(鲜笋直接切丝)。胡萝卜、青椒/红椒切丝。

(3) 切辅料：

葱切段，姜、蒜切末，泡椒剁碎(带籽更辣)。

(4) 调制鱼香汁：香醋 15 mL＋白糖 10 g＋生抽 10 mL＋老抽 3 mL＋料酒 5 mL＋水淀粉 20 mL＋盐少许，搅拌均匀备用。

关键技巧：食醋和白糖的比例决定鱼香味，食醋稍多能提鲜解腻。

2. 烹饪过程

(1) 滑炒肉丝：锅中放 15 mL 植物油，烧至五成热(微微冒烟)，下入腌好的肉丝快速滑炒，变色后盛出备用。

关键技巧：油温不宜过高，肉丝下锅后快速划散，避免粘连。

(2) 爆香调料：锅留底油，放入泡椒碎、姜末、蒜末，小火煸炒出红油和香味。

关键技巧：泡椒不要炒糊，否则会苦；可加适量白糖中和辣味。

(3) 加入主料：放入木耳丝、笋丝、胡萝卜丝、香菇丝(如有)，快速翻炒 1 min。加入肉丝，翻炒均匀。

(4) 倒入鱼香汁：沿锅边淋入调好的鱼香汁，快速翻炒至汤汁浓稠。

关键技巧：水淀粉比例要准确(淀粉与水的比例为 1∶2)，淀粉过多会糊锅，淀粉过少不裹汁。

(5) 出锅前调味：撒入葱段、青椒/红椒丝，滴入香油，快速翻炒几下即可出锅。

三、关键技巧与注意事项

(1) 肉丝嫩滑：腌制时加淀粉和植物油，滑炒时油温不要太高，快速出锅。

(2) 鱼香味平衡：泡椒的用量根据消费者口味调整，喜欢酸辣可多加醋，喜欢甜可多加糖。

(3) 勾芡技巧：水淀粉要分次淋入，边淋边搅拌，避免结块。

(4) 火候控制：爆香泡椒用中小火，炒肉丝用大火，勾芡时转中小火防止糊锅。

四、成品特点

色泽红亮，肉丝嫩滑，木耳爽脆，笋丝鲜香，酸辣甜咸复合味浓郁。

(注：可根据个人口味调整辣度和甜度，如喜欢更辣的口味可加少量豆瓣酱。)

将结果整理成菜品表格,见表 3-3-1。

表 3-3-1 "鱼香肉丝"制作表

| | 原料名称 | 用 量 |
|---|---|---|
| 原料 | 主料 | |
| | 猪里脊肉 | 150 g |
| | 干木耳 | 10 g |
| | 干笋 | 20 g(或鲜笋 50 g) |
| | 干香菇 | 3 朵(可选) |
| | 辅料 | |
| | 胡萝卜 | 半根(约 50 g) |
| | 青椒/红椒 | 半个(约 30 g) |
| | 葱 | 1 根(约 15 g) |
| | 姜 | 5 g |
| | 蒜 | 4 瓣 |
| | 泡椒 | 3~4 个(约 20 g) |
| | 调料 | |
| | 植物油 | 30 mL |
| | 盐 | 适量 |
| | 香油 | 5 mL |
| | 水淀粉 | 20 mL(约 1 勺淀粉+2 勺水) |
| | 料酒 | 10 mL |
| | 老抽 | 3 mL |
| | 生抽 | 10 mL |
| | 白糖 | 10 g |
| | 香醋 | 15 mL |
| 制作方法 | 步骤 1 | 猪里脊肉逆纹切成细丝(约 0.3 cm 粗),加 1 勺料酒、1 勺生抽、1 勺淀粉、少许盐和植物油抓匀,腌制 10 min。<br>干木耳用温水泡发(约 20 min),洗净后切丝。<br>干笋或干香菇泡发后切丝(鲜笋直接切丝)。<br>胡萝卜、青椒/红椒切丝。<br>葱切段,姜、蒜切末,泡椒剁碎(带籽更辣) |
| | 步骤 2 | 调制鱼香汁:香醋 15 mL+白糖 10 g+生抽 10 mL+老抽 3 mL+料酒 5 mL+水淀粉 20 mL+盐少许,搅拌均匀备用 |
| | 步骤 3 | 锅中放 15 mL 植物油,烧至五成热(微微冒烟),下入腌好的肉丝快速滑炒,变色后盛出备用 |
| | 步骤 4 | 锅留底油,放入泡椒碎、姜末、蒜末,小火煸炒出红油和香味 |
| | 步骤 5 | 放入木耳丝、笋丝、胡萝卜丝、香菇丝(如有),快速翻炒 1 min。<br>加入肉丝,翻炒均匀 |
| | 步骤 6 | 沿锅边淋入调好的鱼香汁,快速翻炒至汤汁浓稠 |
| | 步骤 7 | 撒入葱段、青椒/红椒丝,滴入香油,快速翻炒几下即可出锅 |

人工核对与实践:小明仔细阅读了 AI 生成的菜谱,发现其步骤清晰,关键技巧总结得也很好。他将这份菜谱打印出来,作为自己学习和练习的参考。在实习中尝试制作时,他会对照 AI 提供的技巧进

行操作,效果比之前好多了。

(2) 生成"低卡路里鱼香肉丝"菜谱:设计提示词,如下所示。

> 基于刚才生成的"鱼香肉丝"菜谱,请帮我修改并生成一个"低卡路里鱼香肉丝"的版本。要求:①主料改用鸡胸肉代替猪肉。②减少或替换高热量调料,例如减少糖和油的用量,用低卡甜味剂(如木糖醇)替代部分糖,或者调整鱼香汁配方以降低热量。③烹饪方法上,尽量采用更健康的做法,如少油快炒或蒸煮后再拌入调料。④请在菜谱中注明预估的卡路里(可以给出一个大致范围)。

AI根据要求,对原菜谱进行了修改,生成了低卡版本。

> 低卡路里鱼香肉丝(3人份)
> 一、原料清单
> 主料:
> 鸡胸肉 150 g(代替猪肉,脂肪含量更低)。
> 干木耳 10 g。
> 干笋 20 g(或鲜笋 50 g)。
> 干香菇 3 朵(可选)。
> 辅料:
> 胡萝卜半根(约 50 g)。
> 青椒/红椒半个(约 30 g)。
> 葱 1 根(约 15 g)。
> 姜 5 g。
> 蒜 4 瓣。
> 泡椒 3~4 个(约 20 g)。
> 低卡调料:
> 香醋 10 mL(减少用量)。
> 木糖醇 5 g(代替部分糖,约一半用量)。
> 生抽 10 mL。
> 老抽 2 mL(减少用量)。
> 料酒 10 mL。
> 水淀粉 15 mL(减少淀粉用量)。
> 香油 3 mL(减少用量)。
> 盐适量。
> 植物油 15 mL(减少一半油量)。
> 二、制作步骤
> 1. 准备工作
> (1) 鸡胸肉切丝:鸡胸肉逆纹切成细丝(约 0.3 cm 粗),加 1 勺料酒、1 勺生抽、1 勺淀粉和少量水抓匀,腌制 10 min。
> 关键技巧:鸡胸肉比猪肉更易柴,腌制时加淀粉和少量水,保持嫩滑。
> (2) 泡发原料:干木耳用温水泡发(约 20 min),洗净后切丝。干笋或干香菇泡发后切丝(鲜笋直接切丝)。胡萝卜、青椒/红椒切丝。

(3) 切辅料:葱切段,姜、蒜切末,泡椒剁碎(带籽更辣)。

(4) 调制低卡鱼香汁:香醋 10 mL+木糖醇 5 g+生抽 10 mL+老抽 2 mL+料酒 5 mL+水淀粉 15 mL+盐少许,混合均匀。

2. 健康烹饪过程

(1) 少油滑炒鸡丝:锅中加 10 mL 植物油,烧至五成热(约 100 ℃),鸡丝下锅快速滑炒至变色(约 30 s),盛出备用。

关键技巧:鸡丝用中小火滑炒,避免炸太久吸油。

(2) 爆香调料:锅留底油(约 5 mL),放入泡椒碎、姜末、蒜末,小火煸炒出红油和香味。

关键技巧:泡椒不要炒糊,可加少许木糖醇提鲜。

(3) 加入主料:放入木耳丝、笋丝、胡萝卜丝、香菇丝(如有),快速翻炒 1 min。加入鸡丝,翻炒均匀。

(4) 倒入低卡鱼香汁:沿锅边淋入调好的低卡鱼香汁,快速翻炒至汤汁浓稠。

关键技巧:减少水淀粉用量,避免过于浓稠。

(5) 出锅前调味:撒入葱段、青椒/红椒丝,滴入香油,快速翻炒几下即可出锅。

三、关键技巧与注意事项

(1) 低卡秘诀:用鸡胸肉代替猪肉,减少脂肪摄入。植物油减半,滑炒时用中小火避免吸油。用木糖醇代替部分糖,降低热量。

(2) 保持嫩滑:鸡丝腌制时加淀粉和少量水,炒时快速出锅。

(3) 调味平衡:调整香醋与木糖醇的比例,避免过酸或过甜。

四、预估卡路里

每份 200~250 卡路里(不含米饭),相比传统版本减少了约 40% 的热量。

(注:可根据个人需求进一步减少油和糖的用量,或改用蒸煮后拌调料的方式制作。)

将结果整理成菜品表格,见表 3-3-2。

表 3-3-2 "低卡路里鱼香肉丝"制作表

| | | 原料名称 | 用　　量 |
|---|---|---|---|
| 原料 | 主料 | 鸡胸肉 | 150 g |
| | | 干木耳 | 10 g |
| | | 干笋 | 20 g(或鲜笋 50 g) |
| | | 干香菇 | 3 朵(可选) |
| | 辅料 | 胡萝卜 | 半根(约 50 g) |
| | | 青椒/红椒 | 半个(约 30 g) |
| | | 葱 | 1 根(约 15 g) |
| | | 姜 | 5 g |
| | | 蒜 | 4 瓣 |
| | | 泡椒 | 3~4 个(约 20 g) |

续表

| 原料 | | 原料名称 | 用 量 |
|---|---|---|---|
| 原料 | 调料 | 植物油 | 15 mL |
| | | 盐 | 适量 |
| | | 香油 | 3 mL |
| | | 水淀粉 | 15 mL |
| | | 料酒 | 10 mL |
| | | 老抽 | 2 mL |
| | | 生抽 | 10 mL |
| | | 木糖醇 | 5 g |
| | | 香醋 | 10 mL |
| 制作方法 | 步骤1 | 鸡胸肉逆纹切成细丝(约0.3 cm粗),加1勺料酒、1勺生抽、1勺淀粉和少量水抓匀,腌制10 min。<br>干木耳用温水泡发(约20 min),洗净后切丝。<br>干笋或干香菇泡发后切丝(鲜笋直接切丝)。<br>胡萝卜、青椒/红椒切丝。<br>葱切段,姜蒜切末,泡椒剁碎(带籽更辣) | |
| | 步骤2 | 调制低卡鱼香汁:香醋10 mL+木糖醇5 g+生抽10 mL+老抽2 mL+料酒5 mL+水淀粉15 mL+少许盐,混合均匀 | |
| | 步骤3 | 锅中加10 mL植物油,烧至五成热(约100 ℃),鸡丝下锅快速滑炒变色(约30 s),盛出备用 | |
| | 步骤4 | 锅留底油(约5 mL),放入泡椒碎、姜末、蒜末,小火煸炒出红油和香味 | |
| | 步骤5 | 放入木耳丝、笋丝、胡萝卜丝、香菇丝(如有),快速翻炒1 min。<br>加入鸡丝,翻炒均匀 | |
| | 步骤6 | 沿锅边淋入调好的低卡鱼香汁,快速翻炒至汤汁浓稠 | |
| | 步骤7 | 撒入葱段、青椒/红椒丝,滴入香油,快速翻炒几下即可出锅 | |

小明觉得这个低卡版本很有用。他不仅自己尝试制作,还和同学讨论,看看能否进一步优化。他还把这个想法告诉了实习餐厅的营养师,得到了积极反馈。

小明的收获与反思如下。

"AI就像一个庞大的菜谱数据库,而且可以根据我的具体需求定制!无论是标准菜谱还是特殊需求的菜谱(如低卡路里、素食),它都能快速生成。"

"AI总结的关键技巧特别实用,帮我解答了学习中的很多困惑。"

"当然,AI生成的菜谱也需要我的人工核对和实践验证。比如卡路里估算只是一个大概值,实际制作中还需要根据具体用料精确计算。而且,烹饪不仅仅是照着菜谱做,火候、调味的细微差别都需要在实践中不断摸索和调整。AI提供的是基础和参考,最终的升华还得靠我们自己。"

(二) 创意菜谱开发,拓展菜单与学习

品味轩餐厅的菜单需要进行更新,希望增加一些融合菜或创意菜,以吸引更多消费者。主管鼓励实习生也参与头脑风暴。小明对将不同菜系的元素融合到一道菜品中很感兴趣。

**1. 挑战**　小明了解川菜和粤菜的一些特点,但如何将它们巧妙地融合在一道具体的菜品中,他缺乏实践经验,也不知道从何下手。

**2. 处理过程**　设计提示词,如下所示。

> 我正在尝试设计一道融合菜。请帮我构思一道菜品,要求:①融合川菜的麻味和粤菜的鲜甜风味。②主要原料选用牛肉和芦笋。③菜品类型为小炒。④请提供菜品的名称建议、大致的原料清单(不需要精确到克数,但要有种类)、烹饪思路(比如先处理哪些原料,用什么烹饪方法,如何实现麻和鲜甜的结合)以及可能用到的关键调料(如花椒、豆豉、蚝油、冰糖等)。⑤风格要求:具有一定的创意性,听起来就很有食欲。

AI 提出了几个创意方向和具体的构思,如下所示。

> 菜品名称建议:
> "川粤双鲜麻香牛肉芦笋"(或"麻鲜牛肉炒脆笋""川粤味蕾碰撞小炒")。
> 原料清单:
> 主料:
> - 牛里脊肉(或牛菲力)。
> - 芦笋(选用嫩茎部分)。
> 
> 辅料:
> - 姜片、蒜片、干辣椒(可选,增加层次)。
> - 葱段。
> 
> 配料:
> - 玉米淀粉(腌制牛肉用)。
> - 白芝麻(装饰用)。
> - 清水或高汤(少量,用于勾芡)。
> 
> 烹饪思路:
> 1. 预处理:
> - 牛肉逆纹切薄片,用料酒、生抽、玉米淀粉、少量油抓匀腌制 10 min,保持滑嫩。
> - 芦笋洗净,切去老根,用沸水快速焯烫 30 s(水中可加少许盐和油以保持芦笋翠绿),捞出过凉水备用。
> - 调味料提前混合:花椒油(或花椒粉)、蚝油、少许冰糖、生抽、少量清水或高汤调成"川粤复合汁"。
> 
> 2. 炒制过程:
> - 热锅冷油,先爆香姜片、蒜片和干辣椒(如用),加入腌制好的牛肉片快速滑炒至变色,盛出备用。
> - 锅中留底油,下芦笋快速翻炒,倒入牛肉片,沿锅边淋入"川粤复合汁"。
> - 大火快速翻炒均匀,确保汁料包裹原料,芦笋保持脆爽。
> - 最后撒入葱段、白芝麻,关火出锅。
> 
> 3. 麻与鲜甜的结合:
> - 麻味:通过花椒油(或花椒粉)实现,少量即可提味,避免盖过牛肉的鲜香。
> - 鲜甜:依赖蚝油(咸鲜)、冰糖(增亮提鲜)、生抽(复合咸鲜),搭配芦笋的自然清甜。
> - 平衡:先炒牛肉片再与芦笋混合,避免芦笋吸油变软,同时保持牛肉片嫩滑。

关键调料：
- 麻味：花椒油（或花椒粉，或新鲜花椒粒爆香）。
- 鲜甜风味：蚝油、冰糖、生抽。
- 提香：料酒、姜片、蒜片。
- 勾芡：玉米淀粉＋清水或高汤（可选，增加汁水浓稠度）。

创意亮点：
- 口感对比：牛肉滑嫩、芦笋脆爽，麻味刺激与鲜甜柔和交织。
- 视觉呈现：绿色芦笋、红色辣椒（可选）、白色芝麻点缀，色彩丰富。
- 命名巧思："川粤双鲜"直接点明融合特色，"麻香"突出记忆点。

这道菜品既能体现川菜的刺激风味，又保留了粤菜的鲜甜细腻，适合作为追求新奇口味而又兼顾健康者的小炒选择。

AI的构思给了小明很大的启发。他觉得这个"麻鲜牛肉炒脆笋"的思路很棒，既突出了麻味，又融入了鲜甜。他根据AI的建议，结合自己对川菜和粤菜的理解，进一步完善了菜谱。

他决定加入少量泡椒碎，增加川菜特有的酸辣感，与蚝油和芦笋的鲜甜形成更丰富的味觉层次。

他调整了牛肉的腌制方法，加入了少量蛋清，让牛肉更嫩滑。

他考虑了摆盘方式，让成品看起来更美观。

小明的收获与反思如下。

"AI不仅能给我标准答案，还能给我创意灵感！它结合了不同菜系的特点，给出了一个具体的融合思路，这比我自己瞎想要高效得多。"

"AI的创意是一个起点，关键还是看我们能不能理解它的思路，并结合自己的知识和实践去完善它。比如AI提到了花椒和蚝油，但具体怎么用、用量多少，还需要我们自己去尝试和调整。"

"通过这个过程，我不仅学到了一道新菜的做法，更学会了如何从不同菜系中汲取元素进行融合创新的方法。AI就像一个经验丰富的老师傅，给我提供了宝贵的思路。"

## 四、绘图应用

AI绘图工具可以根据文字描述生成图像，这对于烹饪专业的学生和从业者来说，意味着可以快速获得高质量的菜品图片、菜单设计图、教学示意图等，极大地提升了视觉呈现效果。

（一）为菜谱学习成果添加诱人成品图

小明在小组合作中负责制作一道新研发的"香茅柠檬烤鸡"的菜谱和展示PPT。他需要一张高质量的成品图来展示这道菜品的风味和外观。

**1. 挑战**

（1）他自己拍的图片效果不好，光线暗淡，角度不佳。

（2）网上找的图片可能存在版权问题，或者与自己的菜谱不完全匹配。

（3）去专业摄影棚拍摄成本高、耗时长。

**2. 思考与决策**

"AI现在不是能画图吗？能不能根据我的描述，生成一张我想要的烤鸡图片？"

**3. 处理过程** 设计绘图提示词，思路如下。

基础描述：烤鸡成品图，香茅柠檬风味。

增加主体细节：一只完整的大尺寸烤鸡，表皮金黄酥脆，油光锃亮，可以看到清晰的烤纹。鸡胸部位切开，露出嫩白的鸡肉和金黄的鸡油。周围散落着几片青翠的香茅和切开的柠檬。

调整背景与光线：背景简洁，白色或浅灰色背景板。光线明亮、柔和，从侧面或上方打来，突出烤鸡的质感和色泽。

指定风格与质量：写实风格，高清摄影照片，食物摄影，焦点在烤鸡上，景深适中，能看到背景的轻微虚化。

排除不想要的内容：不要有厨师的身影，不要有杂乱的厨房背景。

AI生成与筛选：小明将提示词输入AI绘图工具，AI很快生成了几张图片，见图3-3-17。

图 3-3-17　AI 生成的"烤鸡成品图"

他仔细查看，发现有的图片烤鸡颜色不够金黄，有的光线不太理想，有的香茅和柠檬的摆放不好看。

调整与迭代：他对提示词进行了微调，比如将"金黄酥脆"改为"深金黄色"，将"青翠的香茅"改为"新鲜翠绿的香茅段"。他尝试加入特写镜头，来更聚焦烤鸡本身。生成的图片如图3-3-18所示。

图 3-3-18　调整后 AI 生成的"烤鸡成品图"

小明的收获与反思：

"AI绘图真的太神奇了！以前想都不敢想，现在只要会描述，就能'画'出我想要的图片。这比我自己拍或者找图方便太多了。"

"关键在于怎么写提示词。一开始写得太简单，生成的图片就很普通。后来我学着加细节、加风格描述、加光线要求，图片质量就越来越高了。这需要耐心和反复练习。"

"AI生成的图片版权问题需要注意，如果是用于公开或商业用途，最好确认清楚。但用于学习、内部展示或者个人项目，通常问题不大。"

### （二）设计菜单封面/宣传海报

品味轩餐厅计划推出一个"家常小炒"主题的午市套餐，小明需要设计一个复古插画风格的菜单封面，用于打印和社交媒体宣传。

**1. 挑战**

（1）他没有设计软件操作经验，无法自己设计。

（2）找现成的模板可能风格不符，或者版权受限。

（3）请专业设计师成本高。

**2. 思考与决策**

"能不能让AI帮我设计一张？我想试试看。"

**3. 处理过程**　设计绘图提示词，思路如下。

基础描述：设计一张"家常小炒"主题的菜单封面/宣传海报。

风格要求：复古插画风格，类似旧式广告画或年画的感觉。

内容元素：画面中包含几种代表性的蔬菜（如青菜、番茄、青椒、豆芽）和锅具元素（如中式铁锅、铲子），可以有"家常小炒"或类似字样。

色彩与构图：色彩可以温暖、饱满一些，构图饱满但不拥挤。可以加入一些传统纹样元素。

输出格式：竖版构图，分辨率高，适合打印。

AI生成的图片如图3-3-19所示。

图3-3-19　AI生成的"家常小炒"主题菜单封面/宣传海报

AI生成了几张不同风格的菜单封面/宣传海报,但小明觉得有的过于卡通,有的蔬菜画得不好,有的锅具不明显。小明尝试加入更具体的描述,比如"手绘风格""水彩质感""传统中国红和金色点缀""画面中央是一个大铁锅,里面似乎有菜要翻炒"等。

AI生成的图片如图3-3-20所示。

图 3-3-20　调整后 AI 生成的"家常小炒"主题菜单封面/宣传海报

最终,小明获得了一张他非常满意的复古风格插画。他将其用作菜单封面,并配上简单的文字介绍。这份设计得到了老师和主管的认可,甚至被餐厅采纳作为宣传素材。

小明的收获与反思如下。

> "AI不仅能画具体的东西,还能生成风格化的设计稿!这对我来说太有用了,即使我不会设计,也能做出看起来很专业的效果。"
>
> "我发现AI对于一些具象的物体(如蔬菜、锅具)比较好生成,但对于抽象的概念(如'家常'的感觉)可能需要更具体的描述,比如'温暖的家庭厨房场景'等。"
>
> "这个过程也让我意识到,AI是一个强大的视觉助手,它可以快速生成大量方案供我参考,我可以从中汲取灵感,甚至进行二次创作。比如我可以将AI生成的插画作为基础,再用一些简单的图片编辑工具进行微调。"

通过小明的实习和学习经历,我们看到了 AI 在烹饪专业中应用的巨大潜力。从处理日常信息、撰写文案,到生成菜谱、激发创意,再到设计视觉内容,AI 都展现出了强大的辅助能力。

AI 将在餐饮行业扮演越来越重要的角色。也许在未来,AI 可以根据消费者的口味偏好和健康需求,实时推荐菜品;可以辅助厨师进行更复杂的分子料理创新;甚至可以模拟和优化烹饪过程中的温度、时间等参数。

作为烹饪专业的学生,我们不仅要掌握传统的烹饪技艺,更要拥抱新技术,学会利用 AI 这个强大的工具。让我们在"烹饪"美味的同时,也"烹饪"出属于我们自己的智能未来!

# 项目四

# 原料的智能识别与挑选

### 任务一 利用智能技术进行植物性原料的识别与挑选

扫码看课件

扫码看视频

**任务目标**

1. 通过学习了解并掌握利用智能技术进行植物性原料识别与挑选的方法。
2. 初步认识和使用智能设备实现对植物性原料的识别与挑选。

**任务导入**

随着农业现代化和食品工业的发展,人们对植物性原料(如水果、蔬菜、谷物等)的快速准确识别与高效分拣需求日益增长。传统人工分拣方式存在效率低、一致性差、成本高等问题。利用智能技术进行植物性原料的识别与挑选是农业、食品加工、制药等行业的重要应用方向,能够显著提高效率、降低成本并保证质量。

自动化识别:实现植物性原料(如水果、蔬菜、谷物等)的种类鉴别、品质分级(如成熟度、色泽、瑕疵)及污染物检测(如霉变、虫害、农药残留)。

精准分选:基于 AI 决策控制分拣设备(如机械臂、气动喷阀),按预设标准(如大小、成分含量)完成植物性原料的自动化分类与剔除。

**知识精讲**

## 一、了解植物性原料识别与挑选的智能技术

### 1. 计算机视觉(CV)

(1) 图像采集:通过高分辨率相机、多光谱/高光谱成像、红外摄像头等设备获取植物性原料的形态、颜色、纹理、内部结构等数据。

(2) 深度学习模型:

①分类模型:使用卷积神经网络(CNN)(如 ResNet、EfficientNet)区分不同植物性原料的种类或品种。

②目标检测:使用 YOLO、Faster R-CNN 等定位植物性原料中的瑕疵(如霉变、虫害)。

③语义分割:使用 U-Net 等模型分割复杂背景中的特定部位(如叶片、果实)。

(3) 多光谱/高光谱成像:检测肉眼不可见的成分差异(如水分含量、糖度)。

**2. 近红外光谱(NIR)分析**　通过反射光谱快速分析植物性原料的化学成分(如蛋白质、纤维素含量),适用于茶叶等高价值作物的品质分级。

**3. 机器人技术与自动化**

(1) 利用机械臂＋CV系统实现自动分拣(如按成熟度对草莓进行分选)。

(2) 结合气动装置或柔性夹爪处理易损植物性原料。

**4. 传感器融合**　结合重量、硬度、气味传感器(如电子鼻)综合判断植物性原料的品质。

## 二、认识植物性原料识别与挑选的智能设备

以中国农业科学院利用AI识别香菇品质的具体方案为例,其结合了CV、深度学习及NIR等技术,研发出智能香菇分拣工作站(图4-1-1),实现了对香菇外观、大小、色泽、纹理及内部成分的快速精准检测。

图4-1-1　智能香菇分拣工作站

(一)硬件系统

**1. 智能香菇分拣工作站硬件系统架构**　如图4-1-2所示。

| 智能香菇分拣工作站硬件系统架构 ||||
| --- | --- | --- | --- |
| 数据采集层 | 边缘计算层 | 执行控制层 | 数据管理层 |
| 1.上料模块<br>- 振动盘<br>- 变频传送带 | 4.AI推理主机<br>- NVIDIA Jetson AGX Orin | 6.分拣机构<br>- 气动喷阀<br>- 机械臂 | 8.本地存储<br>- SSD缓存 |
| 2.光学检测模块<br>- 工业相机(RGB+UV)<br>- 光源系统 | 5.控制算法<br>- PLC协议 | 7.人机界面<br>- 实时显示分拣结果 | 9.云端同步 |
| 3.光谱检测模块<br>- NIR传感器 | | | 10.区块链溯源 |

图4-1-2　智能香菇分拣工作站硬件系统架构

**2. 智能香菇分拣工作站硬件系统的关键组件**

1) 数据采集层

(1) 上料模块:

①振动盘:均匀分散香菇,避免堆叠(间距≥5 cm)。
②变频传送带:速度可调(0.1~0.5 m/s),材质为食品级硅胶(防黏附)。
(2) 光学检测模块:
①工业相机(3 台):a.顶部相机:2000 万像素,全局快门,拍摄菌盖形态/色泽。b.底部相机:1200 万像素,环形补光,捕捉菌褶纹理。c.紫外相机(365 nm):检测霉斑荧光反应。
②光源系统:漫射白光 LED(消除反光)+UV LED 阵列(激发霉斑荧光)。
(3) 光谱检测模块:NIR 传感器,波长范围 900~1700 nm,采样频率 100 Hz,安装于变频传送带下方,透射式检测香菇内部成分。
2) 边缘计算层
(1) AI 推理主机:NVIDIA Jetson AGX Orin(32 GB 显存);运行模型:ResNet50(分类)+YOLOv5s(缺陷检测)。
(2) 电力线通信(PLC)协议:通过 Modbus TCP 协议与分拣执行器联动。
3) 执行控制层
(1) 分拣机构:高压气动喷阀(响应时间<10 ms),喷气压力 0.3~0.6 MPa;可选机械臂(用于易损品级调整,如 SCARA 机器人)。
(2) 人机界面(HMI):触摸屏实时显示分拣数量、等级分布、误判告警。
4) 数据管理层
(1) 本地存储:1 TB SSD 缓存原始图像及分拣日志。
(2) 云端同步:通过 4G/5G 模块上传至农业大数据平台。

(二) 系统联动流程

(1) 上料:振动盘分散香菇→变频传送带匀速输送。
(2) 成像:RGB 相机拍摄外观→UV 相机检测霉变→NIR 传感器检测内部成分。
(3) 分析:AI 推理主机在 200 ms 内完成 AI 推理+光谱数据融合。
(4) 分拣:PLC 协议触发对应喷阀,将香菇吹入不同等级筐。
(5) 记录:每批次数据加密后上传,支持区块链溯源。

(三) 产品架构

产品架构如图 4-1-3 所示。

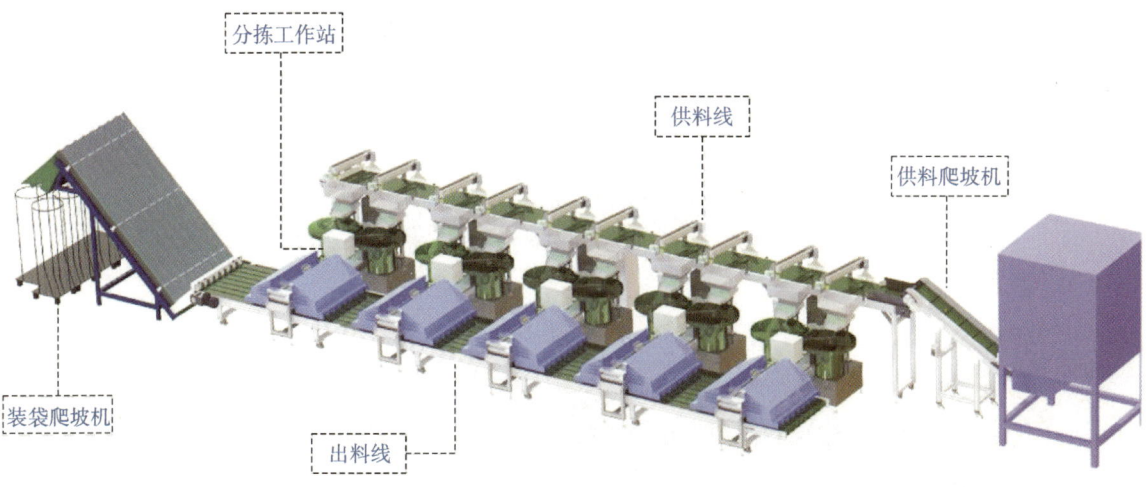

图 4-1-3 产品架构

（四）应用效果

**1. 可分选的香菇类型** 见图 4-1-4。

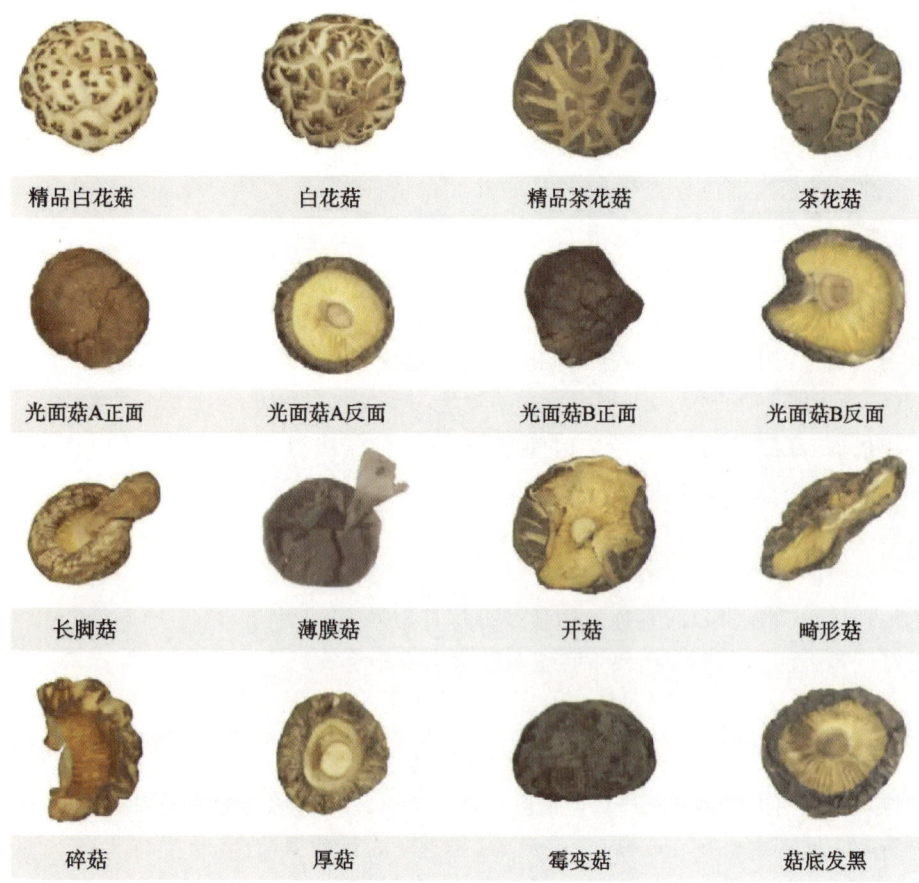

图 4-1-4 可分选的香菇类型

**2. 经济效益**

（1）分选精度高：好菇分选精度达到 98%，坏菇达到 95%，远高于人工分选精度。

（2）分选速度快：每条流水线产量可达 200 kg/h，可持续工作 16 h，粗选顶替 26 个人工，精选顶替 50 个人工。

（3）系统运行稳定：每天 24 h 稳定工作。

（4）生产过程可追溯：实现自动化分选，管理员可实时掌握生产信息。

## 任务二　利用智能技术进行陆生动物性原料的识别与挑选

### 任务目标

1. 通过学习了解并掌握利用智能技术进行陆生动物性原料识别与挑选的方法。
2. 初步认识和使用智能设备实现对陆生动物性原料的识别与挑选。

## 任务导入

肉类加工等行业对陆生动物性原料(如肉类、皮毛、骨骼、内脏等)的高效识别与精准分拣需求显著。传统人工分拣方式面临劳动强度大、卫生风险高、标准化程度低等挑战,亟须引入智能技术提升自动化水平。基于智能技术实现陆生动物性原料的识别与挑选,须结合多模态传感、计算机视觉、深度学习及自动化控制技术,确保高效、精准且符合卫生安全标准。

## 知识精讲

### 一、了解陆生动物性原料识别与挑选的智能技术

**1. 高精度感知技术**

(1) 多光谱/高光谱成像:
①功能:检测表面不可见的化学成分(如肉类水分、脂肪分布等)。
②技术实现:高光谱相机(400~2500 nm)捕捉分子振动特征,结合偏最小二乘(PLS)回归模型量化指标(如猪肉内脂肪含量)。
③应用案例:牛肉大理石花纹评级(marbling score),精度达 0.5 级。

(2) 3D 视觉与深度传感:
①功能:测量体积、厚度及形态特征(如整鸡切割位点规划)。
②技术实现:结构光/ToF 相机生成毫米级精度点云,配合 ICP 算法配准多视角数据。
③应用案例:火腿分切机器人,可减少 5%~8% 的原料浪费。

(3) 电子鼻与气体传感阵列:
①功能:识别挥发性有机物(VOCs),判断是否腐败。
②技术实现:金属氧化物(MOS)或石英晶体微天平(QCM)传感器,结合长短期记忆网络(LSTM)时序分析。

**2. 智能分析算法**

(1) 深度学习视觉模型:
①目标检测:检测肉类淤伤、皮革划痕,AP@0.5 达 98%。
②语义分割:精确分割陆生动物性原料有效部位(如鹿茸切片中的骨化区域)。
③小样本学习:针对稀有缺陷(如貂皮针眼),仅需 50 份样本训练。

(2) 多模态数据融合:
①方法:特征级融合(如 CNN 提取图像特征+光谱主成分分析(PCA)特征)输入 Transformer 模型。
②案例:综合可见光光谱+NIR+气味数据,肉类真伪识别 F1 分数(F1-score)达 99.2%。

(3) 实时决策优化:
方法:强化学习(PPO 算法)动态调整分拣阈值,适应原料批次差异。

**3. 自动化控制技术**

(1) 柔性分拣机器人:
①需求:完成易损原料(如鲜肉、生皮)的无损抓取。
②方案:软体夹爪(硅胶材质)+阻抗控制(力度<5 N)。
③应用:鲜肉,损伤率<0.1%。

(2) 高速分选机构：

①技术：气动喷阀阵列（响应时间<10 ms），配合比例积分微分(PID)控制实现毫米级定位。

②案例：鸡肉加工线，分选速度300块/分。

**4. 陆生动物性原料智能分选系统架构**　见图4-2-1。

| 陆生动物性原料智能分选系统架构 | | | |
|---|---|---|---|
| 感知层 | 决策层 | 执行层 | 数据层 |
| 1. 视觉传感<br>- RGB相机<br>- 高光谱相机 | 4. 边缘服务器<br>- NVIDIA<br>Jetson AGX<br>Orin | 7. 分拣机械臂<br>- 气动刀<br>- 软体夹爪 | 9. 本地数据库 |
| 2. 3D传感<br>- 结构光/ToF<br>相机 | 5. 云端AI模型<br>训练 | 8. 人机界面<br>- 实时告警 | 10. 区块链溯源 |
| 3. 气体传感<br>- 电子鼻 | 6. PLC控制系统 | | |

图4-2-1　陆生动物性原料智能分选系统架构

## 二、认识陆生动物性原料识别与挑选的智能设备

以鸡胸肉自动识别与挑选的智能设备为例，如图4-2-2所示。

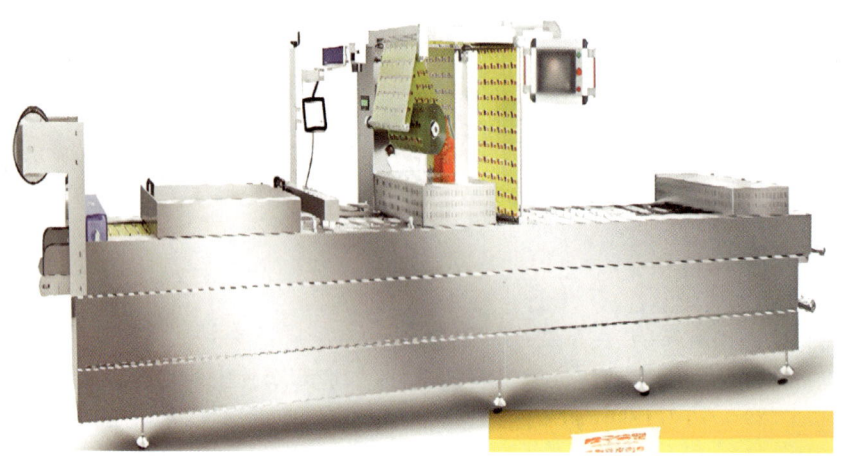

图4-2-2　鸡胸肉自动识别与挑选的智能设备

**1. 主要解决的问题**　人工包装效率低(200～300包/时)，且易因疲劳导致重量误差或摆放不整齐；鸡胸肉表面湿滑，传统吸盘易脱落或损伤肉质；卫生风险（人工接触导致微生物污染风险增加）。

**2. 需要达到的智能目标**　实现全自动称重、分拣、包装，速度不低于600包/时，误差在1 g及以内；人力成本降低50%以上，微生物污染风险降低70%。

**3. 硬件配置**　见表4-2-1。

表4-2-1　硬件配置

| 模　块 | 关　键　设　备 | 功　能　说　明 |
|---|---|---|
| 视觉定位 | 工业相机(Basler ace 2K)＋环形光源 | 识别鸡胸肉轮廓、部位及表面缺陷 |

续表

| 模 块 | 关 键 设 备 | 功 能 说 明 |
|---|---|---|
| 柔性抓取 | 硅胶真空吸盘(带压力反馈) | 自适应吸附力(20～60 kPa),防滑脱 |
| 动态称重 | 高精度称重传感器(Mettler Toledo) | 实时称重(误差在1 g及以内),数据同步至PLC |
| 包装执行 | Delta机器人(ABB IRB FlexPicker) | 高速抓取→装盒(速度600包/时) |
| 控制系统 | 工控机(Beckhoff CX2040)+AI边缘计算盒 | 运行视觉算法和规划抓取路径 |

**4. 自动识别与挑选流程** 见图4-2-3。

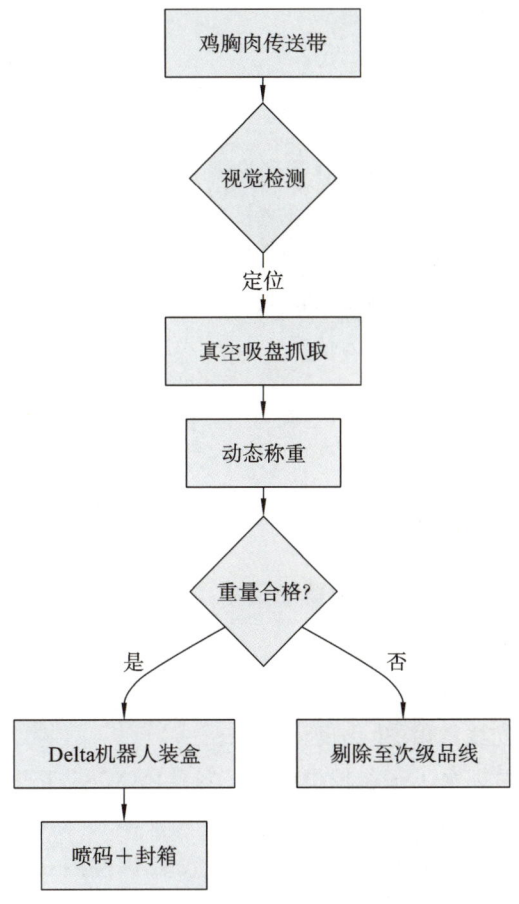

图4-2-3 自动识别与挑选流程图

**5. 实际应用效果** 见表4-2-2。

表4-2-2 实际应用效果

| 指 标 | 传统人工包装线 | 智能包装线 | 提 升 效 果 |
|---|---|---|---|
| 包装速度 | 250包/时 | 600包/时 | 提升140% |
| 重量误差 | 5 g以内 | 1 g及以内 | 精度提升5倍 |
| 人工依赖 | 6人/班次 | 1人(监控) | 减少83% |
| 微生物检测超标率 | 1.2% | 0.3% | 降低75% |
| 包装合格率 | 92% | 99.5% | 提升7.5个百分点 |

## 任务三　利用智能技术进行水生动物性原料的识别与挑选

### 任务目标

1. 通过学习了解并掌握利用智能技术进行水生动物性原料识别与挑选的方法。
2. 初步认识和使用智能设备实现对水生动物性原料的识别与挑选。

### 任务导入

水产品加工、渔业分选及海洋药物提取等领域对水生动物性原料（如鱼类、贝类、甲壳类等）的高效识别、品质评估及精准分拣的需求日益增长。传统人工分拣方式存在效率低、主观性强、易受环境（如光线、水质）影响等问题，亟须引入智能技术提升自动化水平。

利用智能技术实现水生动物性原料（如鱼类、贝类、甲壳类等）的识别与挑选，须结合水下环境适应性技术、多模态传感和自动化分选技术。

### 知识精讲

#### 一、了解水生动物性原料识别与挑选的智能技术

**1. 智能技术**

（1）水下机器视觉与光学增强：

①技术难点：水体浑浊、光线散射、生物反光干扰。

②解决方案：a. 硬件：抗腐蚀水下工业相机（如 SONY IMX585，搭配 450 nm 蓝光补偿光源以提升穿透力）；偏振成像系统（抑制表面反光，凸显鳞片/甲壳缺陷）。b. 算法：水下图像增强，基于物理模型（如暗通道先验）联合生成对抗网络（GAN）去雾。c. 目标检测：改进 YOLOv8s，融合注意力机制（CBAM）聚焦关键特征（如鱼鳃充血）。

（2）声学与力学传感：

①活体检测：低频声呐（100～300 kHz），通过闭壳肌振动信号判别贝类死活（准确率＞97%）。

②阻抗测量：利用电极阵列检测虾类肌肉电导率，判断新鲜度（与挥发性盐基氮（TVB-N）含量的相关性 $R^2=0.91$）。

（3）高光谱/多光谱成像：

①应用场景：a. 鱼类新鲜度：利用短波红外光（1000～1700 nm）检测 $K$ 值（ATP 降解物）。b. 虾类黑变病：利用特征波段比值（R720/R630）量化黑色素沉积程度。

②设备选型：高光谱相机，扫描速度 60 线/秒。

（4）柔性分拣机器人：

①技术突破：仿生软体夹爪，采用 PDMS 材质＋真空吸附，抓取力＜0.5 N（避免蟹钳损伤）。

②动态路径规划：基于 RGB-D 相机的 6DoF 机械臂（如 ABB YuMi 协作机器人）躲避障碍。

**2. 水生动物性原料智能分选系统架构(湿线型)** 见图 4-3-1。

| 水生动物性原料智能分选系统架构（湿线型） | | | |
|---|---|---|---|
| 感知层 | 边缘计算层 | 执行层 | 数据层 |
| 1. 水下相机<br>- RGB相机<br>- 高光谱相机 | 4. 边缘服务器<br>- NVIDIA Jetson AGX Orin | 7. 分拣机械臂<br>- 气吸式分选头 | 9. 本地SQL数据库 |
| 2. 声呐阵列<br>- 低频传感器 | 5. 光谱分析软件 | 8. 自动包装线 | 10. 区块链溯源 |
| 3. 电子鼻<br>- VOC检测 | 6. PLC控制系统 | | |

图 4-3-1 水生动物性原料智能分选系统架构(湿线型)

## 二、认识水生动物性原料识别与挑选的智能设备

以虾类自动化分选的智能设备为例,该设备适用于黑虎虾、南美白对虾等常见品种的工业化分选(图 4-3-2)。

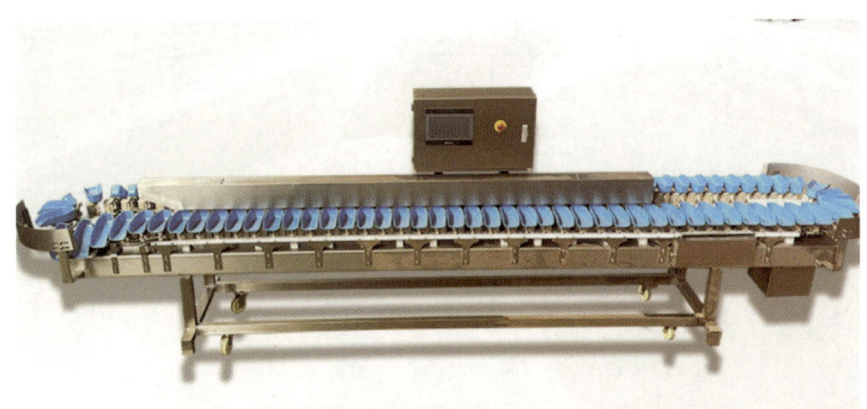

图 4-3-2 虾类自动化分选的智能设备

**1. 主要解决的问题**

(1) 传统人工分选效率低(约 100 只/(分·人)),且易受主观判断影响(如色泽判断不准)。

(2) 黑变病、软壳等缺陷导致产品贬值(损耗率高达 15%)。

(3) 出口需满足严格规格(如每磅 21~25 只)和食品安全标准(如抗生素残留标准)。

**2. 需要达成的智能目标** 实现虾类自动分级(如大小、重量)、缺陷检测(如黑变病、残缺、寄生虫、软壳)和新鲜度判定;分选速度≥300 只/分,准确率≥95%。

**3. 硬件配置** 见表 4-3-1。

表 4-3-1 硬件配置

| 模块 | 关键设备 | 功能说明 |
|---|---|---|
| 上料 | 振动盘+水流缓冲槽 | 均匀分散虾体,避免堆叠 |

续表

| 模　块 | 关　键　设　备 | 功　能　说　明 |
|---|---|---|
| 光学检测 | 高光谱相机(400~1000 nm) | 识别黑变病、甲壳完整性 |
| | 紫外荧光相机(365 nm 激发) | 检测虾类腐败产生的荧光物质 |
| | 3D 结构光相机(Intel RealSense D455) | 测量虾体长度、弯曲度 |
| 称重 | 动态电子秤(误差在 0.1 g 及以下) | 按重量分级 |
| 分拣 | 气动喷阀阵列(食品级硅胶喷嘴) | 将虾吹入对应等级筐 |
| 边缘计算 | NVIDIA Jetson AGX Orin＋工控 PLC | 实时运行 AI 模型并控制执行 |

**4. 自动化分选流程**　见图 4-3-3。

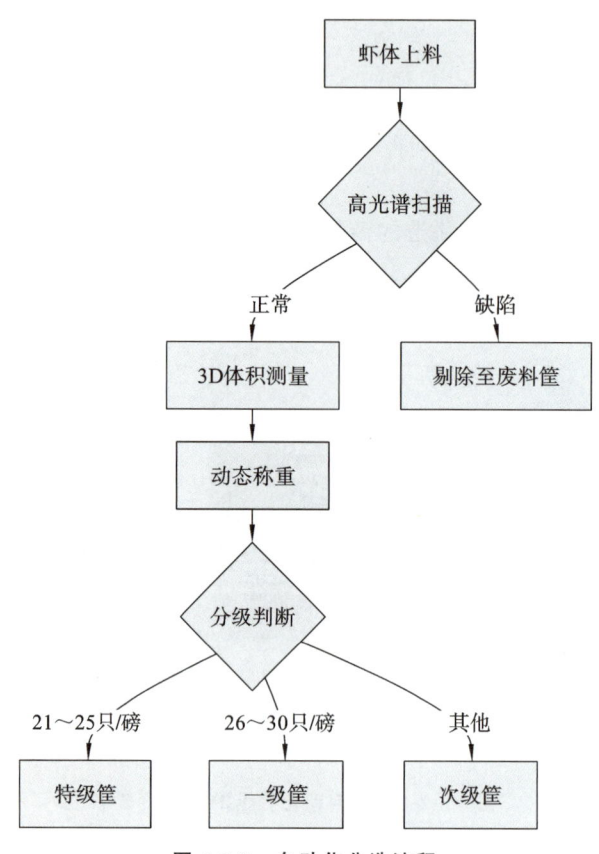

图 4-3-3　自动化分选流程

**5. 实际应用效果**　见表 4-3-2。

表 4-3-2　实际应用效果

| 指　标 | 人工分选 | 智能分选 | 提升效果 |
|---|---|---|---|
| 速度 | 100 只/分 | 320 只/分 | 提升 220% |
| 黑变病检出率 | 85% | 98.5% | 提升 13.5 个百分点 |
| 重量分级准确率 | 90% | 97% | 提升 7 个百分点 |
| 人力成本 | 0.12 元/只 | 0.03 元/只 | 降低 75% |

项目四 原料的智能识别与挑选

扫码看视频

### 任务四 原料虚拟仿真技术应用

#### 任务目标

1. 了解虚拟仿真技术的三种形态,熟悉其硬件和使用操作。
2. 熟悉虚拟仿真的核心技术,包括 3D 建模与渲染、物理引擎、人机交互等。
3. 通过 PC 电脑式 VR 技术了解土豆、竹笋、菠萝、牛肉、鸡肉五种烹饪原料的品类特征、烹饪应用、营养价值、贮藏保鲜、等级与品质检验及地标性等内容。
4. 通过头盔式 VR 技术了解海参涨发、鲍鱼涨发处理流程以及牛肉分档认知等。

#### 任务导入

虚拟仿真(virtual simulation)技术是一种通过计算机模拟现实世界的技术,其核心原理是利用数学模型、物理引擎、图形渲染和人机交互技术,构建一个可交互的虚拟环境,以模拟真实场景中的对象、行为和物理规律。虚拟仿真技术具有三种形态:PC 电脑式、头盔式、桌面一体交互式(需要让学生提前预习了解)。

虚拟仿真技术在烹饪应用中主要解决的问题:传统烹饪教学依赖实体原料和场地,成本高,且难以重复练习复杂技巧;新菜品研发需多次试制,原料浪费多,风味搭配依赖经验;高温、高压设备(如油炸机、压力锅)操作失误可能引发事故等。

原料虚拟仿真技术在烹饪应用中可用于对烹饪原料的品类特征、烹饪应用、营养价值、等级与品质检验、地标性等进行系统介绍。

虚拟仿真软件支持交互式学习,学生可以通过与虚拟原料、烹饪设备的交互,学习烹饪和原料搭配技巧。

#### 知识精讲

##### 一、了解 VR 智能设备

**1. PC 电脑式 VR 智能设备** PC 电脑式 VR 技术是一种依赖高性能计算机作为运算核心的虚拟仿真技术。PC 电脑式 VR 智能设备主要的组件、功能和典型设备/技术如表 4-4-1 所示。

表 4-4-1 PC 电脑式 VR 智能设备主要的组件、功能和典型设备/技术

| 组件 | 功能 | 典型设备/技术 |
| --- | --- | --- |
| 高性能计算机 | 负责图形渲染、物理计算和数据处理,需满足高帧率(90 Hz 以上)和低延迟(<20 ms)要求 | 内置独立显卡,如 NVIDIA GeForce RTX 4090、AMD Ryzen 9 7950X |
| 交互设备 | 通过键盘、鼠标或触摸屏进行交互操作 | 键盘、鼠标、触摸屏 |

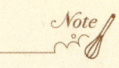

续表

| 组件 | 功能 | 典型设备/技术 |
|---|---|---|
| 软件栈 | 底层驱动 | SteamVR、Oculus PC SDK、OpenXR(标准化 API) |
|  | 引擎支持 | Unity 3D、Unreal Engine |
|  | 内容平台 | SteamVR |

PC 电脑式 VR 智能设备操作步骤如表 4-4-2 所示。

表 4-4-2　PC 电脑式 VR 智能设备操作步骤

| 步骤 | 操作 | 说明 |
|---|---|---|
| 步骤 1 | 启动设备 | 进入 Windows 系统 |
| 步骤 2 | 检查计算机的显卡配置 | 独立显卡 |
| 步骤 3 | 运行烹饪 VR 测试软件 | 选择烹饪 VR 测试软件 |
| 步骤 4 | 操作烹饪 VR 测试软件 | 进入烹饪 VR 测试软件 |

**2. 头盔式 VR 智能设备**　头盔式 VR 技术是一种通过头戴式显示器为用户提供沉浸式虚拟体验的技术。其核心是通过视觉、听觉(部分设备还包括触觉)的模拟,使用户感知到 3D 虚拟环境,并通过头部追踪和交互技术实现自然的人机交互。头盔式 VR 智能设备主要的组件、功能和典型设备/技术如表 4-4-3 所示。

表 4-4-3　头盔式 VR 智能设备主要的组件、功能和典型设备/技术

| 组件 | 功能 | 典型设备/技术 |
|---|---|---|
| 光学显示系统 | 采用 Fast-LCD 类型的光学系统进行显示 | 单眼分辨率:2160 像素×2160 像素(4K+级,双眼合计 4320 像素×2160 像素) |
| 交互系统 | 头部追踪 | Inside-Out 6DoF 追踪:<br>4 颗环境摄像头(广角)+1 颗深度传感器<br>精度:<1 mm 位置误差,<0.1°旋转误差 |
| 交互设备 | 通过手柄控制器进行交互操作 | 摇杆+ABXY 键+握持键+扳机键 |

头盔式 VR 智能设备如图 4-4-1 所示。

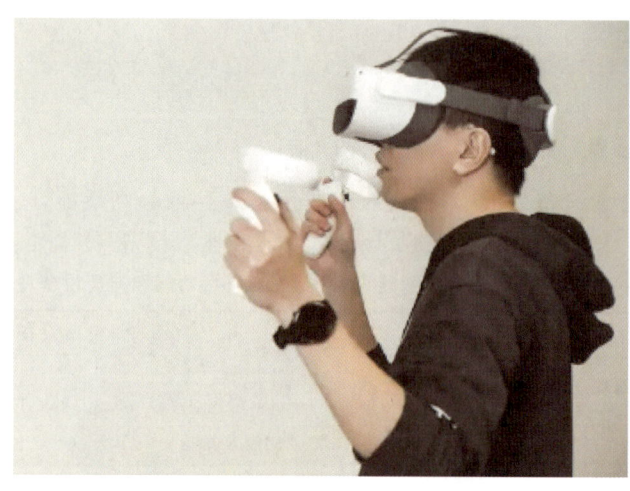

图 4-4-1　头盔式 VR 智能设备

头盔式 VR 智能设备操作步骤如表 4-4-4 所示。

表 4-4-4　头盔式 VR 智能设备操作步骤

| 步　骤 | 操　作 | 图片展示 |
| --- | --- | --- |
| 步骤 1 | 启动设备：手柄开机、头盔开机 | |
| 步骤 2 | 佩戴头盔 | |
| 步骤 3 | 熟悉手柄操作 | |
| 步骤 4 | 运行烹饪 VR 测试软件 | |

续表

| 步骤 | 操　作 | 图片展示 |
|---|---|---|
| 步骤 5 | 操作烹饪 VR 测试软件 | |

**3. 桌面一体交互式 VR 智能设备**　桌面一体交互式 VR 智能设备是一种融合了一体机便携性和计算机高性能的混合型虚拟仿真设备，其主要的组件、功能和典型设备/技术如表 4-4-5 所示。

表 4-4-5　桌面一体交互式 VR 智能设备主要的组件、功能和典型设备/技术

| 组　件 | 功　能 | 典型设备/技术 |
|---|---|---|
| 硬件形态 | 头显本体具备一体机集成设计（内置处理器/电池），主屏：4K Fast-LCD(120 Hz) | 通过 DP/USB-C/Wi-Fi 6 调用计算机算力运行 3A 级 VR 内容 |
| 交互系统 | 同时支持一体机手柄追踪和计算机外设的混合交互操作 | 一体机手柄追踪（Inside-Out）和计算机外设 |
| 交互设备 | 多模态追踪方案<br>一体机手柄追踪 | 光学 Inside-Out：6 颗环境摄像头，追踪范围扩大至 8 m×8 m，适合大型设备操作训练 |

桌面一体交互式 VR 智能设备操作步骤如表 4-4-6 所示。

表 4-4-6　桌面一体交互式 VR 智能设备操作步骤

| 步　骤 | 操　作 |
|---|---|
| 步骤 1 | 启动设备 |
| 步骤 2 | 熟悉手柄/控制笔操作 |
| 步骤 3 | 运行烹饪 VR 测试软件 |
| 步骤 4 | 操作烹饪 VR 测试软件 |

## 二、熟悉原料的 VR 智能技术使用

**1. 土豆（马铃薯）**　见表 4-4-7。

表 4-4-7　土豆（马铃薯）的 VR 智能技术使用

| 步　骤 | 功能介绍 | 图片展示 |
|---|---|---|
| 步骤 1 | 3D 模型，学生可以通过操作鼠标旋转查看 | |

续表

| 步骤 | 功能介绍 | 图片展示 |
|------|---------|---------|
| 步骤2 | 品类特征介绍,包含颜色、形状、消费用途 | |
| 步骤3 | 不同类型的应用,图片可点击放大 | |
| 步骤4 | 营养价值介绍,包含蛋白质、脂肪、碳水化合物、不溶性膳食纤维和胆固醇、能量(卡路里)、维生素、矿物质 | |
| 步骤5 | 等级与品质检验国家标准介绍 | |
| 步骤6 | 贮藏保鲜介绍,图片可点击放大 | |

续表

| 步骤 | 功能介绍 | 图片展示 |
| --- | --- | --- |
| 步骤 7 | 分布特征介绍,可视化中国地图,学生点击省份,可出现本省份的地标性原料内容 | — |

2. **竹笋** 见表 4-4-8。

表 4-4-8　竹笋的 VR 智能技术使用

| 步骤 | 功能介绍 | 图片展示 |
| --- | --- | --- |
| 步骤 1 | 3D 模型,学生可以通过操作鼠标旋转查看 |   |
| 步骤 2 | 品类特征介绍,包含颜色、形状、消费用途 | 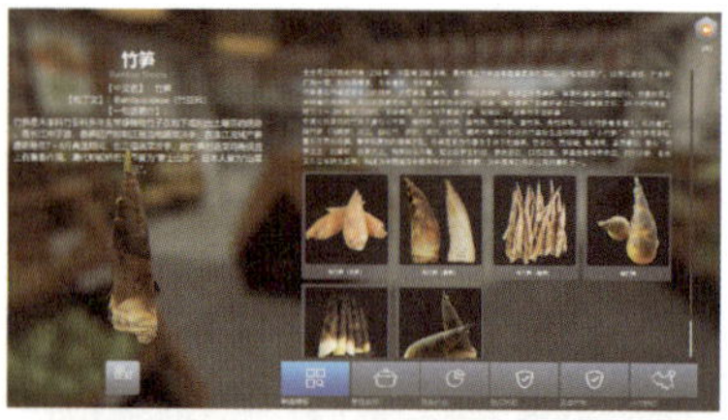  |

续表

| 步 骤 | 功 能 介 绍 | 图 片 展 示 |
|---|---|---|
| 步骤 3 | 不同类型的应用,图片可点击放大 | |
| 步骤 4 | 营养价值介绍,包含蛋白质、脂肪、碳水化合物、不溶性膳食纤维和胆固醇、能量(卡路里)、维生素、矿物质 | |
| 步骤 5 | 等级与品质检验国家标准介绍 | |
| 步骤 6 | 质量控制介绍,图片可点击放大 | |

| 步　骤 | 功能介绍 | 图片展示 |
|---|---|---|
| 步骤 7 | 分布特征介绍，可视化中国地图，学生点击省份，可出现本省份的地标性原料内容 | — |
| 步骤 8 | 视频介绍，视频可以全屏显示 | |

3. **菠萝**　见表 4-4-9。

表 4-4-9　菠萝的 VR 智能技术使用

| 步　骤 | 功能介绍 | 图片展示 |
|---|---|---|
| 步骤 1 | 3D 模型，学生可以通过操作鼠标旋转查看 | |

续表

| 步　骤 | 功能介绍 | 图片展示 |
| --- | --- | --- |
| 步骤2 | 品类特征介绍,包含颜色、形状、消费用途 | |
| 步骤3 | 不同类型的应用,图片可点击放大 | |
| 步骤4 | 营养价值介绍,包含蛋白质、脂肪、碳水化合物、不溶性膳食纤维和胆固醇、能量(卡路里)、维生素、矿物质 | |
| 步骤5 | 等级与品质检验国家标准介绍 | |
| 步骤6 | 分布特征介绍,可视化中国地图,学生点击省份,可出现本省份的地标性原料内容 | — |

续表

| 步　骤 | 功能介绍 | 图片展示 |
|---|---|---|
| 步骤 7 | 视频介绍，视频可以全屏显示 |   |

**4. 牛肉** 见表 4-4-10。

表 4-4-10　牛肉的 VR 智能技术使用

| 步　骤 | 功能介绍 | 图片展示 |
|---|---|---|
| 步骤 1 | 3D 模型，学生可以通过操作鼠标旋转查看；国家标准中的牛分割介绍，学生可以查看国家标准中不同种类的牛肉在模型上的位置 |   |
| 步骤 2 | 品种介绍，内容包含牛的基本分类，图片可点击放大 |   |

续表

| 步　骤 | 功 能 介 绍 | 图 片 展 示 |
|---|---|---|
| 步骤3 | 分割肉介绍，通过牛胴体及鲜肉分割，介绍牛胴体13个标准部位及骨骼等，图片可点击放大 | |
| 步骤4 | 烹饪应用介绍，包含牛肉中餐和西餐的烹饪应用文字介绍，图片可点击放大 | |
| 步骤5 | 营养价值介绍，包含蛋白质、脂肪、碳水化合物、不溶性膳食纤维和胆固醇、能量（卡路里）、维生素、矿物质 | |
| 步骤6 | 等级与品质检验国家标准介绍，包含《鲜、冻分割牛肉》《鲜、冻四分体牛肉》《畜禽肉质量分级　牛肉》《牦牛肉》《牛排》等 | |
| 步骤7 | 分布特征介绍，可视化中国地图，学生点击省份，可出现本省份的地标性原料内容 | — |

续表

| 步骤 | 功能介绍 | 图片展示 |
|---|---|---|
| 步骤8 | 视频介绍，视频可以全屏显示 | 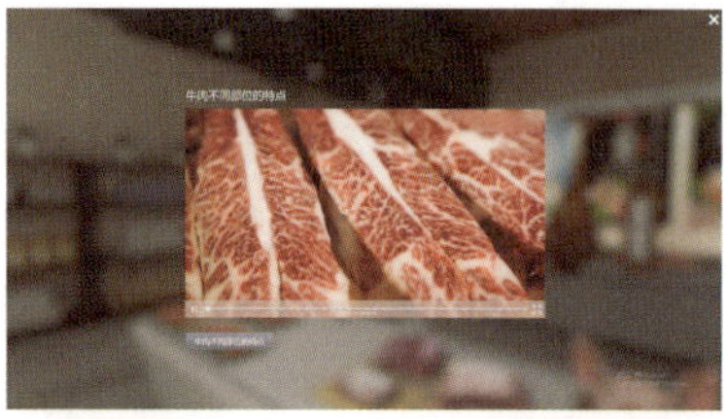 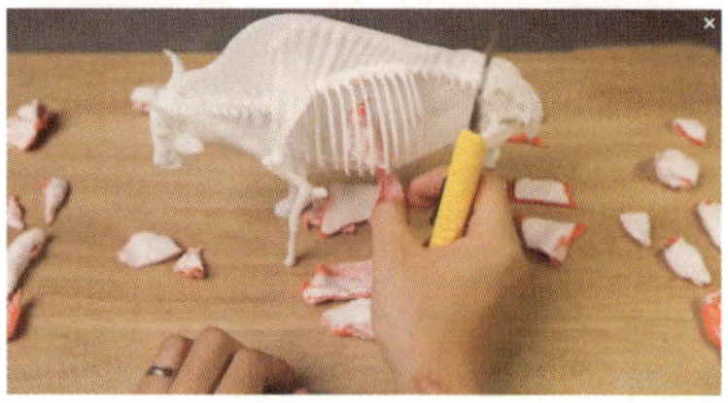 |

**5. 鸡肉** 见表 4-4-11。

表 4-4-11　鸡肉的 VR 智能技术使用

| 步骤 | 功能介绍 | 图片展示 |
|---|---|---|
| 步骤1 | 3D 模型，学生可以通过操作鼠标旋转查看；国际标准中的鸡分割介绍，学生可以查看国际标准中不同种类的鸡肉在模型上的位置 |   |
| 步骤2 | 品种与分割介绍，内容包含鸡的基本分类与肉类分割，图片可点击放大 |   |

续表

| 步　骤 | 功能介绍 | 图片展示 |
|---|---|---|
| 步骤 3 | 烹饪应用介绍，图片可点击放大 | |
| 步骤 4 | 营养价值介绍，包含蛋白质、脂肪、碳水化合物、不溶性膳食纤维和胆固醇、能量（卡路里）、维生素、矿物质 | |
| 步骤 5 | 等级与品质检验国家标准介绍，包含《食品安全国家标准　鲜（冻）畜、禽产品》《鲜、冻禽产品》《畜禽肉水分限量》等 | |
| 步骤 6 | 贮藏保鲜介绍，包含文字内容和对应图片，图片可点击放大 | |

续表

| 步　骤 | 功 能 介 绍 | 图 片 展 示 |
|---|---|---|
| 步骤 7 | 分布特征介绍,可视化中国地图,学生点击省份,可出现本省份的地标性原料内容 | — |
| 步骤 8 | 视频介绍,视频可以全屏显示 |   |

**6.海参涨发**　见表 4-4-12。

表 4-4-12　海参涨发的 VR 智能技术使用

| 步　骤 | 操　作 | 图 片 展 示 |
|---|---|---|
| 步骤 1 | 涨发准备:海参介绍,确认注意事项,海参称重 |    |

112

续表

| 步　骤 | 操　作 | 图片展示 |
|---|---|---|
| 步骤 2 | 首次泡发：准备纯净水，冲洗海参，密封冷藏 | |
| 步骤 3 | 一煮一发：第一次煮制，自然冷却 | |

续表

| 步骤 | 操作 | 图片展示 |
|---|---|---|
| 步骤4 | 二煮二发:第二次煮制,自然冷却,换水后密封冷藏 | 同步骤3 |
| 步骤5 | 三煮三发:去沙嘴,第三次煮制,自然冷却,换水后密封冷藏 | 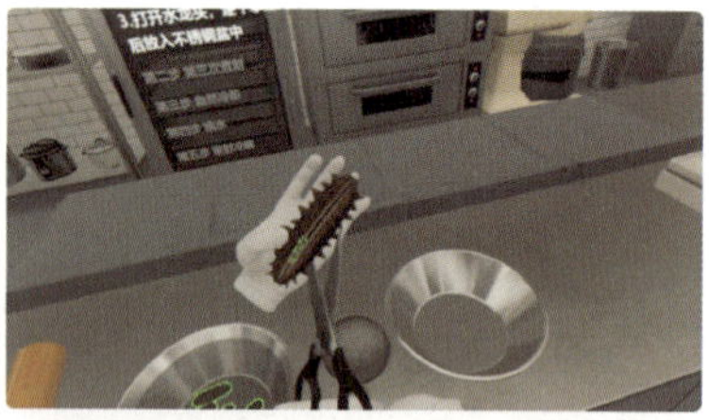 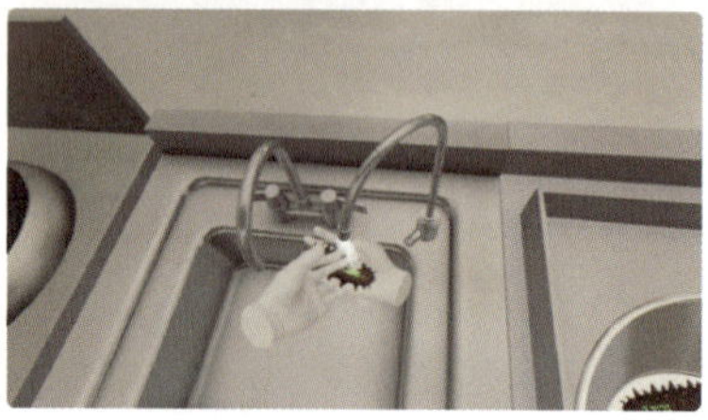 |
| 步骤6 | 筛选海参:掐选海参,海参称重对比,换水后密封冷藏 |   |
| 步骤7 | 泡发储存:确认储存方式 | — |

**7. 鲍鱼涨发**　见表4-4-13。

表4-4-13　鲍鱼涨发的VR智能技术使用

| 步骤 | 操作 | 图片展示 |
|---|---|---|
| 步骤1 | 涨发准备:鲍鱼介绍,确认注意事项,干鲍鱼称重 | 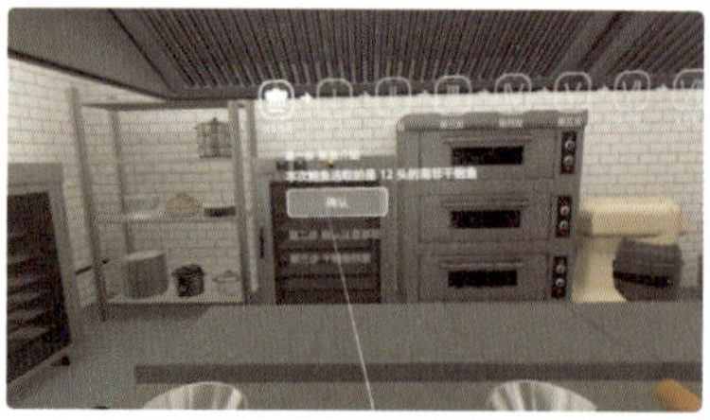 |

续表

| 步骤 | 操作 | 图片展示 |
|---|---|---|
| 步骤2 | 第一发:清洗干鲍鱼,密封冷藏 | |
| 步骤3 | 第二发:清洗鲍鱼,换水后密封冷藏 | |
| 步骤4 | 第三发:清洗鲍鱼,换水后密封冷藏 | 参照第二发 |
| 步骤5 | 第四发:清洗鲍鱼,换水后密封冷藏 | 参照第二发 |
| 步骤6 | 第五发:清洗鲍鱼,换水后密封冷藏 | 参照第二发 |
| 步骤7 | 第六发:清洗鲍鱼,换水后密封冷藏 | 参照第二发 |
| 步骤8 | 第七发:清洗鲍鱼,换水后密封冷藏 | 参照第二发 |
| 步骤9 | 涨发完成:筛选鲍鱼,去掉鲍鱼嘴和肠,鲍鱼称重对比,鲍鱼储存 | |

**8. 牛肉分档认知** 见表4-4-14。

表4-4-14　牛肉分档认知的VR智能技术使用

| 步骤 | 操 作 | 图片展示 |
|---|---|---|
| 步骤1 | 牛肉部位选择面板介绍 | |

续表

| 步　骤 | 操　　作 | 图 片 展 示 |
|---|---|---|
| 步骤 2 | 牛肉详细部位面板介绍 | |
| 步骤 3 | 整牛 3D 模型介绍 | |
| 步骤 4 | 牛肉部位 3D 模型介绍 | |

# 项目五

# 鲜活原料的智能化初加工

## 任务一　植物性原料的智能化初加工

扫码看课件

扫码看视频

### 任务目标

1. 了解植物性原料智能化初加工的要求。
2. 熟悉植物性原料智能化初加工的方法。
3. 了解植物性原料智能化初加工的设备。

### 任务导入

在智能烹饪流程体系中,植物性原料的初加工是不可或缺的起始环节,它为后续菜品的精彩呈现奠定了基础。植物性原料经初加工后的洁净程度与品质优劣,不仅影响菜品口感,更直接关乎饮食安全与健康。通过本任务的学习,掌握植物性原料的智能化初加工方法以及科学有效的洗涤方法,确保原料以最佳状态进入烹调阶段。

### 知识精讲

#### 一、果蔬原料的智能化初加工

果蔬原料在烹饪加工中通常具有加热时间短、易于成熟的特性,许多果蔬还可直接生食,这使得其初加工的重要性尤为凸显。在智能技术蓬勃发展的当下,果蔬原料的初加工迎来了全新变革。

果蔬原料加工后能否达到卫生要求,在很大程度上取决于加工方法是否科学合理,而摘剔加工作为首要工序,如今借助智能技术实现了高效精准操作。智能视觉分拣系统能够快速识别果蔬的成熟度、瑕疵及病虫害情况,通过 AI 算法精准定位需要摘剔的部分,自动剔除腐烂、受损的部位,相比传统人工操作,不仅效率大幅提升,还能有效减少因人为疏忽导致的卫生隐患。

考虑到果蔬易熟和可生食的特点,智能化清洗技术成为保障其卫生安全的关键。高压气泡清洗机配合臭氧杀菌功能,能在轻柔地冲洗掉果蔬表面泥沙、残留农药的同时,杀灭微生物,确保果蔬洁净无害;真空预冷设备可在短时间内降低果蔬温度,抑制微生物生长,延长保鲜期,为后续烹饪或生食提供良好的品质基础;智能金属检测仪可检测包装和非包装食品中的金属异物,如黑色金属(铁)、有色金属(铜、铝)与不锈钢等,也可以检测铝箔等金属薄膜包装品。

### (一)摘剔加工的目的与要求

在智能化烹饪加工体系中,果蔬原料的摘剔加工承担着关键使命,不仅要去除根、叶、筋、籽、壳、虫卵及残留杂物等不可食用部分,还需借助智能设备与技术,精准修理料形,使原料达到清洁、光滑、美观的标准,满足制熟加工的各项要求,为后续烹饪奠定坚实基础。

在智能化摘剔加工过程中,"节约"理念被赋予了新的内涵。智能视觉分拣系统搭载高精度传感器,能够精确识别果蔬可食用部分与不可食用部分的边界,在去皮时精准控制力度和范围,最大限度地减少带肉损耗;对于摘剔下来的可食用部分,智能回收管理系统会进行分类收集,根据其品质和特性,通过 AI 算法匹配合适的二次加工方案,如将品相稍差但仍可食用的菜叶加工成蔬菜汁或馅料,避免资源浪费。

### (二)摘剔加工的常用方法

**1. 叶菜类原料** 叶菜类原料的初加工由智能分拣流水线完成,精准识别并去除发黄、枯萎的菜叶及附着的泥沙、枯叶,并将合格菜叶送入清洗槽。在制作鲜菜心等需摘下较多菜叶的菜品时,智能回收管理系统会根据菜叶品质进行分类:优质菜叶用于制作沙拉,次级菜叶则送入专用设备制成蔬菜汤或馅料,整个过程无需人工干预,效率较人工操作可提升 5 倍以上。

**2. 根茎类原料** 根茎类原料的初加工采用智能去皮工作站。如对于土豆、红薯等原料,智能温控沸烫装置可根据原料大小和品种,自动调节水温与烫煮时间,使表皮轻松剥离。

**3. 瓜类原料** 瓜类原料的初加工由智能切割设备完成。当冬瓜、南瓜等外皮较老的瓜类进入生产线时,智能设备利用刀具刮去外层老皮,再沿中轴线精准切开,内置的真空吸除装置自动清除种瓤。对于丝瓜、笋瓜等薄皮瓜类,采用高压水雾去皮,既能保证去皮彻底,又能保护瓜肉完整。

**4. 茄果类原料** 使用智能设备对茄果类原料进行精准切除,如对于辣椒籽瓤的去除,采用负压吸附与振动分离技术,确保去籽率达到 98% 以上。处理后的原料经紫外线杀菌后,由传送带直接输送至后续加工环节,实现全程自动化。

### (三)果蔬原料保色措施

**1. 智能气调保色** 将氧气、二氧化碳等气体按比例混合,在密闭空间内形成低氧高二氧化碳环境,抑制果蔬呼吸作用和酶促褐变。系统通过传感器实时监测氧气和二氧化碳等气体的浓度,自动调节气体比例,使叶绿素氧化速度降低 60%,保色时长延长 3 倍以上。

**2. 动态 pH 调控保色** 针对叶绿素在碱性环境下不易水解的特性,智能 pH 调节设备通过微流控技术,精确控制碱性溶液的添加量,在保证蔬菜亮绿色泽的同时,将维生素损失率控制在 10% 以内。系统还可根据不同蔬菜品种,自动调整 pH 和处理时间,实现个性化保色。

**3. 光谱监测加盐保色** 在黄瓜、青椒等绿色蔬菜的加工中,光谱检测仪实时监测蔬菜的颜色变化和叶绿素含量,当检测到颜色变浅时,自动定量添加食盐。系统还可根据蔬菜的新鲜度和保存时间,智能调整盐浓度,确保在延长保鲜期的同时,保持蔬菜的最佳色泽和口感。

**4. 智能温控水泡保色** 对于易褐变的土豆、藕等果蔬,智能浸泡槽配备温度传感器和 pH 调节装置,可将水温精确控制在 5~10 ℃,并自动添加适量白醋,将 pH 维持在 3.0~4.0 之间,双重抑制多酚氧化酶活性。同时,槽内的循环水经过紫外线杀菌和活性炭过滤,既可确保水质清洁,又可延长保色时间。

### (四)果蔬原料洗涤后保存注意事项

洗涤后的果蔬原料由智能输送系统送入恒温恒湿储存柜。柜内配备湿度传感器和新风循环系统,当检测到相对湿度超过设定阈值时,自动启动除湿功能;采用智能网格架摆放原料,确保空气流通。夏季储存时,AI 温控系统将温度精确控制在 2~4 ℃,并通过红外监测防止温度过低而冻伤原料;冬季则根据室内环境自动调节保温措施。所有储存数据将实时上传至中央管理系统,管理人员

可通过手机 APP 远程查看原料状态,实现智能化、精细化管理。

## 二、粮食及辅助原料的智能化初加工

在植物性原料领域,粮食作为人们一日三餐的主食原料,涵盖稻类、麦类、高粱等谷物,以及芝麻等油料作物,还包括由这些原料加工制成的各类制品。而在烹饪过程中,用于调味、增白、致嫩、着色、发酵等的添加原料,统称为添加剂,常见的有碱、苏打、发酵粉、色素、盐、香料、酒、醋、味精、酱、油等,它们以固态、液态、粉末等不同形态存在。

对粮食和添加剂进行初加工,核心目的在于去除霉变、风化、污染部分以及混杂其中的泥沙、草屑等杂质。例如,将块状原料碾碎细化,对受潮原料进行烘干、过筛处理,对浑浊液体进行澄清过滤或炼制,从而为主食制作及调味提供纯净、卫生且便于使用的优质原料。

依据原料形态差异,当前烹饪行业主要采用以下七种拣选加工方法。

**1. 智能分拣法**　在智能烹饪加工中,传统人工分拣升级为智能视觉分拣系统。通过高分辨率工业相机与深度学习算法,对花生米、玉米等颗粒原料进行 360°扫描,可精准识别霉变、破损、异色颗粒,识别准确率达 99.8%。系统搭载的气吹式分拣装置,能以每秒 20 个的速度将次品与正品分离,效率是人工分拣的 10 倍以上。例如处理黄豆时,智能分拣机不仅能剔除虫蛀豆粒,还可通过 NIR 技术检测黄豆内部变质情况,确保原料品质稳定。

**2. 智能风选法**　传统簸箕演变为智能风选系统,利用流体力学原理与传感器技术实现自动化分选。设备内置可调速风机与重量传感器,针对红豆、绿豆等小颗粒原料,通过调节风速(0.5～5 m/s)精准分离不同重量的物质。较轻的壳屑、灰尘被负压装置收集,较重的泥块通过振动筛排出,正品原料则由传送带输送至下一环节。系统还能根据原料密度自动调整风力参数,分选效率提升 60%,且减少了粉尘污染。

**3. 智能筛分法**　智能振动筛分机集成超声波清网技术与粒度检测系统,颠覆传统过筛模式。对于米、麦、面粉等原料,通过电磁振动装置(频率 0～50 Hz 可调)使筛网产生高频微振,防止筛孔堵塞。在线激光粒度分析仪实时监测筛下物体粒度分布,当面粉颗粒粒度超过预设值(如糕点用粉要求不超过 150 μm)时,系统自动调整筛网倾斜角度与振动强度,确保粉质细腻度达标。筛分过程全自动化,效率较传统方式提高 3 倍,且能耗降低 25%。

**4. 智能粉碎法**　块状添加剂的处理升级为智能粉碎系统,采用双轴对辊式破碎机与智能控制系统。针对碱块、矾块等添加剂,设备通过压力传感器(精度可达 0.1 MPa)实时监测碾压力度,当检测到结块硬度发生变化时,自动调节辊筒转速(10～100 r/min)与间距(0.1～5 mm)。粉碎后的粉末经气流筛分装置进行粒度分级,不合格粗颗粒自动返回重碾,最终产出均匀度 CV 值低于 5% 的精细粉末,满足现代烹饪对添加剂精准使用的需求。

**5. 智能配液法**　溶解法发展为智能配液系统,融合计量泵、在线浓度仪与 PLC 控制系统。处理碱、味精等添加剂时,系统根据配方需求,通过高精度计量泵(流量误差在 0.5% 以下)精准配比溶质与溶剂。例如,配制 20% 味精水溶液时,利用在线浓度仪实时监测浓度,当数值偏离设定值时自动补加溶剂或溶质。配液过程全程密闭,避免粉尘飞扬与污染,且支持多配方存储调用,满足不同菜品的精准调味需求。

**6. 智能过滤法**　液态添加剂的过滤采用智能膜过滤系统,集成微滤(MF)、超滤(UF)与反渗透(RO)技术。针对酱油、醋等液体,通过压力传感器与浊度检测仪实时监测过滤状态。当监测到杂质含量超标时,自动启动反冲洗程序清洁膜组件,确保过滤通量稳定。系统还可根据液体黏度自动调节进料压力(0.1～1 MPa),对于黏稠液体实现无稀释过滤,杂质去除率达 99%,同时水资源消耗减少 40%。

**7. 智能精炼法**　油脂炼制升级为智能精炼生产线,配备气相色谱仪、红外测温仪与自动控制系

统。处理植物油时,系统通过在线气相色谱仪实时监测醛类、酸价等指标,当监测到异味物质超标时,自动调节加热温度(最高 200 ℃)与搅拌速度(20~100 r/min)。炼制动物油时,PLC 控制系统根据油脂含水量自动添加姜、葱、酒等除味剂,添加量误差低于 3%。精炼后的油脂经真空脱臭装置处理,酸价降低 60%,烟点提升 30 ℃,品质达到商用标准。

### 三、植物性原料初加工的智能设备

(一)多功能清洗机介绍

多功能清洗机(图 5-1-1)通过水泵喷射涡流配合底部气泡使缸内物料不断地翻滚,从而去除物料表面的杂质、污垢。其可用于清洗切割后的蔬菜、水果、肉类、菇类等。

多功能清洗机主体采用不锈钢制造,耐磨耐用,符合食品卫生标准。其操作简单、清洗方便、安全可靠,适合酒店、饭堂、食品加工厂等单位使用。

图 5-1-1　多功能清洗机

多功能清洗机的结构如图 5-1-2 所示。

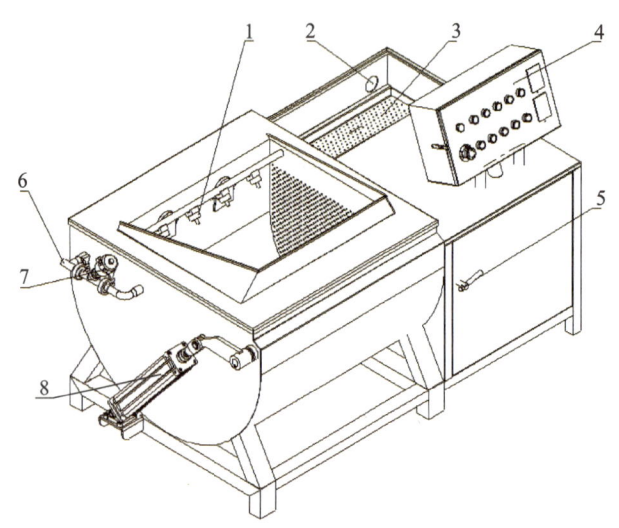

1—喷淋管;2—溢水口;3—过滤板;4—控制面板;5—调节阀门;6—进水口;7—角座阀;8—顶升装置

图 5-1-2　多功能清洗机的结构

多功能清洗机的控制面板如图 5-1-3 所示。

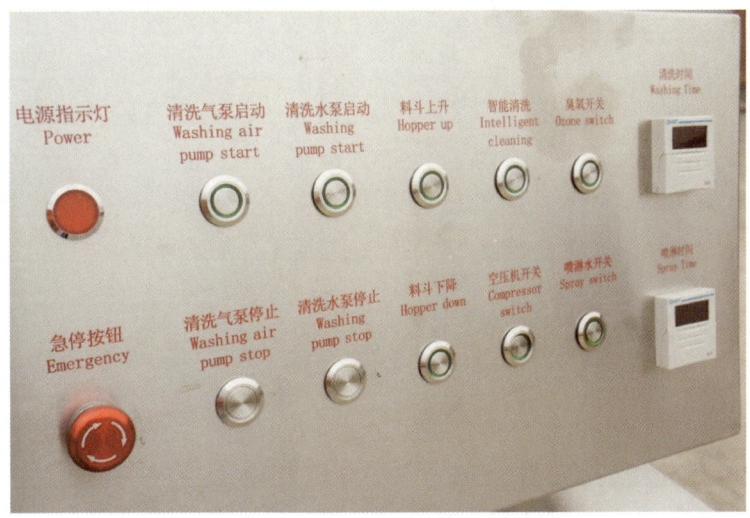

图 5-1-3 多功能清洗机的控制面板

(二) 多功能清洗机的操作步骤

多功能清洗机的操作步骤见表 5-1-1。

表 5-1-1 多功能清洗机的操作步骤

| 序号 | 操作步骤 | 操作说明 |
| --- | --- | --- |
| 1 | 机器安装与接线 | 将机器平稳放置,根据机器标牌指示,正确连接电源和地线,确保用电安全 |
| 2 | 特殊电源引出线处理 | 对于无插头的电源引出线,需连接到用户在固定位置安装的、触点开距至少 3 mm 的全极断开装置上 |
| 3 | 设备启动前检查 | 检查电源指示灯是否正常亮起,同时确认水槽内部无异物残留,避免影响设备运行 |
| 4 | 首次运转调试 | 首次使用时,水槽不加水,点动开关,观察鼓风机是否正常向水槽内喷气。若出现反吸情况,对三相电源交换其中任意两条相线即可 |
| 5 | 明确物料使用要求 | 清洗物料的直径需大于 5 mm,单次提升重量应低于 40 kg,防止设备超负荷运行 |
| 6 | 设备维护保养 | 定时检测空气压缩机运转情况,并向三联件给油器中补充油(使用 ISO VG32 或同级用油),加油量不超过八分满 |
| 7 | 了解控制面板功能 | 控制面板配备双时间继电器,可实现定时清洗和喷淋功能,按需设置使用 |

(三) 操作示例:利用多功能清洗机清洗生菜

根据多功能清洗机操作步骤进行生菜清洗,实际操作过程记录于表 5-1-2 中。

表 5-1-2 利用多功能清洗机清洗生菜

| 序号 | 操作步骤 | | 实施操控 |
| --- | --- | --- | --- |
| 1 | 开始清洗 | 启动电源 | |
| 2 | | 设定清洗时间 | |
| 3 | | 设定喷淋水时间 | |
| 4 | | 启动空压机 | |
| 5 | | 料斗下降 | |

续表

| 序 号 | 操作步骤 | | 实施操控 |
|---|---|---|---|
| 6 | 清洗中 | 投料 | |
| 7 | | 料斗上升 | |
| 8 | | 启动清洗气泵 | |
| 9 | | 启动清洗水泵 | |
| 10 | | 启动喷淋水 | |
| 11 | | 加强清洗 | |
| 12 | 完成清洗 | 关闭清洗气泵 | |
| 13 | | 关闭清洗水泵 | |
| 14 | | 料斗下降 | |
| 15 | | 出料 | |

扫码看视频

## 任务二　陆生动物性原料的智能化初加工

### 任务目标

1. 了解陆生动物性原料智能化初加工的要求。
2. 熟悉陆生动物性原料智能化初加工的方法。
3. 了解陆生动物性原料智能化初加工的设备。

### 任务导入

　　陆生动物性原料的智能化初加工是烹饪工艺革新的重要一环，借助智能屠宰/宰杀、分割/脱毛设备以及低温除菌清洗系统，可精准把控原料的卫生标准与品质。其智能化初加工后的安全性，直接影响着消费者的健康水平。执行该任务时，需重点钻研陆生动物性原料智能化屠宰分割技术、智能清洗除菌流程，为后续烹饪提供安全、优质的原料。

 知识精讲

#### 一、畜类原料的智能化初加工

　　畜类原料的智能化初加工借助现代科技，革新了传统加工模式。例如，在屠宰环节，智能屠宰系统通过传感器与自动化机械臂，能快速且精准地完成放血、脱毛、去皮等操作，极大地提升了效率与卫生标准。在清洗环节，智能喷淋清洗系统配合高压水流与超声波清洗技术，能高效去除原料表面杂质、血水与微生物。在保鲜储存环节，智能温控与气调包装设备可精准调控环境温湿度与气体成分，延长畜类原料保鲜期，保障肉质鲜嫩。这些智能设备与技术的应用，让畜类原料初加工更高效、安全、优质。

（一）畜类原料智能化初加工的目的与要求

畜类原料初加工有着明确的目的与严格要求。其核心目的在于保障食品安全与提升原料品质，通过去除不可食用部分，如皮毛、淋巴结等，以及清理残留的血迹、污垢和可能存在的有害物质，防止污染，降低微生物滋生风险，避免食源性疾病发生；同时，合理的初加工能最大限度地保留原料营养成分，减少后续烹饪过程中的营养流失。此外，根据不同烹饪需求对畜类原料进行切割、修整，将其处理成合适的形状和大小，便于烹饪和入味，有助于提升菜品口感与品质。

在具体要求上，卫生要求是重中之重，加工过程需在清洁、消毒的环境下进行，加工人员要做好个人卫生防护，避免交叉污染。操作规范要求严格，放血要充分，确保肉质色泽和口感良好；分割时要熟悉畜类的肌肉组织结构，按照部位准确分割，保证原料形状规整、规格统一。效率与损耗控制也不容忽视，须在保证质量的前提下，提高加工效率，减少原料浪费，合理利用边角料，降低成本。

（二）畜类原料智能化初加工的方法

在现代食品加工领域，畜类原料初加工正朝着智能化方向快速发展，通过引入多种先进技术，加工的效率、精度与安全性得到显著提升。

**1. 屠宰环节**　智能屠宰系统利用传感器和自动化设备，可精准控制放血、脱毛、去皮等流程。例如，自动放血设备能根据畜类体型和品种，调整放血位置和力度，确保放血充分；智能脱毛机通过识别皮毛厚度和附着程度，自动调节脱毛力度和速度，减少对肉质的损伤，同时提高卫生标准。

**2. 分割环节**　借助 3D 视觉识别和智能切割技术实现精准操作。3D 视觉系统可快速扫描畜类胴体，识别肌肉、脂肪、骨骼的分布与结构，结合预设的切割方案，生成最佳切割路径。智能切割机器人根据路径指令，精准地将畜类胴体分割成不同规格的块状、片状或丝状，不仅规格统一，还能最大限度减少原料浪费。

**3. 清洗环节**　清洗过程采用智能喷淋清洗系统和超声波清洗技术。智能喷淋清洗系统可根据畜类原料的脏污程度，自动调节水流压力和清洗时间；超声波清洗技术能深入肉质缝隙，高效去除残留的血迹、污垢和微生物，且不会破坏肉质纤维。

**4. 保鲜储存环节**　在保鲜储存方面，智能温控和气调包装设备发挥重要作用。智能温控系统可实时监测环境温度和湿度，自动调节冷库参数，保持最佳储存条件；智能气调包装设备通过精确控制包装内的氧气、二氧化碳等气体比例，抑制微生物生长，延长畜类原料的保鲜期。

## 二、禽类原料的智能化初加工

（一）禽类原料智能化初加工的目的和要求

**1. 保障食品安全与卫生**　通过智能设备精准去除禽类羽毛、内脏、血块等不可食用部分，结合超声波清洗、高压灭菌等技术，有效降低微生物污染风险，避免沙门菌、大肠杆菌等致病菌残留，从源头保障原料安全。例如，智能脱毛机在去除羽毛时，可同时通过紫外线消毒装置抑制原料表面细菌繁殖。

**2. 提升原料品质与利用率**　利用 3D 视觉识别和 AI 算法精准分割禽类胴体，减少人工操作导致的肉质损伤，最大限度地保留肌肉纤维完整性，确保胸肉、腿肉等部位的鲜嫩口感。同时，智能系统可将边角料（如鸡爪、鸡翅尖）自动分拣回收，用于高汤熬制或深加工，原料利用率提升至 95% 以上。

**3. 适配标准化烹饪需求**　根据不同菜品对禽类原料的规格要求（如整鸡烤制、鸡丁快炒、鸡翅卤制等），智能切割机器人可实现毫米级精度加工，使原料形状、重量统一，便于后续烹饪时调味均匀、火候控制精准，提升菜品出品稳定性。

**4. 技术操作规范要求**

(1) 精准调控设备参数：宰杀环节需确保颈动脉定位误差不超过 0.5 mm，放血时间控制在 8～12 s，避免因放血不充分导致肉质暗红；脱毛胶棒转速需根据禽类品种（如白羽鸡、三黄鸡）自动调节至 1200～1800 r/min，防止皮肉撕裂。

(2) 流程自动化衔接：从宰杀到分割的全流程需实现物联网协同，例如，宰杀后禽类胴体通过传送带自动进入脱毛机，脱毛完成后立即触发视觉检测系统，自动剔除带毛超标个体，降低人工干预导致的污染风险。

**5. 卫生安全控制要求**

(1) 环境与设备消杀：加工车间需配备智能消杀系统，每批次加工后自动启动臭氧熏蒸（浓度≥0.3 mg/m³，持续 30 min），脱毛机、分割刀具等关键设备需通过高温蒸汽（121 ℃，15 min）或紫外线（波长 254 nm，照射距离≤1 m）进行深度灭菌。

(2) 微生物监测：在清洗环节末端设置在线微生物检测传感器，实时监测原料表面菌落总数（要求不高于 $5×10^3$ CFU/g），若超标则自动触发二次清洗程序，确保符合《食品安全国家标准 鲜（冻）畜、禽产品》(GB 2707—2016)要求。

**6. 效率与能耗优化要求**

(1) 产能协同标准：智能化生产线需满足单条流水线每小时处理 1000～1500 只禽类的产能需求，从宰杀到包装的全流程耗时不长于 8 min，其中分割环节的单品加工效率较传统人工提升 4～6 倍。

(2) 绿色节能标准：设备需采用伺服电机驱动（能耗较传统电机降低 30%），智能气调包装设备的气体损耗率不高于 5%，智能温控系统需将冷库能耗控制在 0.5 kW·h/kg 原料以下。

**(二) 禽类原料智能化初加工的方法**

在食品加工智能化浪潮下，禽类原料初加工借助先进技术实现了效率与品质的双重提升。

**1. 宰杀环节** 智能宰杀设备配备高精度传感器，可精准定位禽类颈动脉，实现快速且放血量稳定的宰杀操作。设备还能根据禽类体型自动调整夹持力度和宰杀角度，减少禽类应激反应，保障肉质新鲜度。

**2. 脱毛环节** 智能脱毛机利用视觉识别系统，扫描禽类羽毛分布密度与生长方向，通过调整高速旋转的脱毛胶棒的转速、压力和运动轨迹，实现高效脱毛。对于不同品种、不同生长阶段羽毛特性各异的禽类，设备能在减少皮肉损伤的前提下，彻底去除羽毛，且脱毛后残留的绒毛可通过后续的火焰燎毛智能装置处理。

**3. 清洗环节** 采用智能喷淋与高压气泡清洗结合的系统，设备内置的传感器实时监测原料表面的污渍，自动调节清洗液的流量、压力和清洗时间。同时，超声波清洗技术协同工作，有效清除禽类表面残留的血水、杂质和微生物。

**4. 保鲜储存环节** 智能气调包装设备依据禽类原料的种类和特性，精确配比包装内氮气、氧气和二氧化碳的比例，抑制细菌滋生；智能温控系统则通过物联网技术，实时监测冷库内不同区域的温湿度，自动调节制冷设备，使禽类原料始终处于最佳保鲜环境，延长货架期。

**三、陆生动物性原料初加工的智能设备**

**(一) 自动液压翻转漂烫锅介绍**

**1. 自动液压翻转漂烫锅的工作原理** 自动液压翻转漂烫锅以液压系统和温控系统为核心实现功能（图 5-2-1）。液压系统是设备翻转的动力来源，通过液压泵对液压油加压，推动液压缸的活塞运动，从而带动锅体绕着固定的转轴进行翻转。当需要卸料时，液压系统接收到控制指令，驱动锅体缓缓倾斜，将完成漂烫的物料倾倒而出。温控系统则保障漂烫温度精准可控，加热装置（如电加热管、蒸汽盘管)对锅内的水或其他漂烫介质进行加热,温度传感器实时监测锅内温度,并将数据反馈给控制系统。一旦温度偏离预设值,控制系统就会自动调节加热功率,确保漂烫过程在稳定的温度下进行。同时,水循环系统使锅内的漂烫介质不断循环流动,保证物料受热均匀。

**2. 自动液压翻转漂烫锅的特点**

(1) 操作便捷、自动化:设备可实现自动化控制,通过PLC控制系统,操作人员只需在控制面板上设定漂烫时间、温度、翻转角度等参数,设备就能自动完成漂烫、保温、翻转、卸料等一系列流程,减少人工干预,降低劳动强度。

图 5-2-1 自动液压翻转漂烫锅

(2) 高效均匀受热:水循环系统和合理的锅体结构设计,使锅内漂烫介质不断循环流动,避免物料局部过热或受热不足,能大幅提升漂烫效率,保证产品品质一致。

(3) 安全性能可靠:设备配备多重安全防护装置,如超温报警、压力保护、急停按钮等,当设备出现异常情况时,可及时发出警报并停止运行,保障操作人员和设备安全。同时,锅体采用优质不锈钢材质,耐高温、耐腐蚀,且密封性良好,可防止蒸汽泄漏。

(4) 灵活适应性强:通过调整参数,设备可用于多种不同类型物料的漂烫加工,如蔬菜、水果、肉类等,还能根据生产需求调节锅体翻转角度和卸料速度,满足多样化生产场景。

(5) 便于清洁维护:锅体内部光滑无死角,翻转卸料后易于清洗,减少物料残留;设备结构紧凑,各部件拆卸方便,便于日常维护和故障检修,可延长设备使用寿命。

**(二) 自动液压翻转漂烫锅的操作步骤**

自动液压翻转漂烫锅的操作步骤见表 5-2-1。

表 5-2-1 自动液压翻转漂烫锅的操作步骤

| 序号 | 操作阶段 | 操作步骤 | 具体内容 |
|---|---|---|---|
| 1 | 使用前检查 | 检查阀门是否漏气 | 使用前,仔细检查燃气阀门是否存在漏气情况,确认处于安全范围后,方可进行后续操作 |
| 2 | 设备启动 | 打开电源开关 | 完成设备检查,确认可正常运转后,打开控制面板上的电源开关,启动设备 |
| 3 | 物料投入与加热 | 刷洗锅体、点燃设备、启动搅拌功能 | 1. 将锅体刷洗干净,投入待加工物料;<br>2. 打开燃气阀门,先开启点火枪开关点燃点火枪,再用点火枪点燃炉盘,随后打开炉盘阀门,设备开始对物料进行加热;<br>3. 打开搅拌按钮启动搅拌功能,可根据实际需求调节搅拌速度 |
| 4 | 加热完成后处理 | 关闭阀门与搅拌功能 | 当物料达到所需温度且达到预定加热时间后,先关闭所有燃气阀门,再关闭搅拌功能 |
| 5 | 卸料与复位 | 卸料、复位锅体 | 1. 按下控制面板上的出料键进行卸料;<br>2. 卸料完成后,按下复位键将锅体复位,完成一次作业流程 |

**(三) 操作示例**:利用自动液压翻转漂烫锅漂烫鸡肉

根据自动液压翻转漂烫锅操作步骤进行鸡肉漂烫,实际操作过程记录于表 5-2-2 中。

表 5-2-2　利用自动液压翻转漂烫锅漂烫鸡肉

| 序　号 | 操作方法 | 实施目的 | 实施操控 |
| --- | --- | --- | --- |
| 1 | 检查阶段 | | |
| 2 | | | |
| 3 | | | |
| 4 | | | |
| 5 | | | |
| 6 | 漂烫阶段 | | |
| 7 | | | |
| 8 | | | |
| 9 | | | |
| 10 | | | |
| 11 | 完成阶段 | | |
| 12 | | | |
| 13 | | | |
| 14 | | | |
| 15 | | | |

扫码看视频

### 任务三　水生动物性原料的智能化初加工

**任务目标**

1. 了解水生动物性原料智能化初加工的要求。
2. 熟悉水生动物性原料智能化初加工的方法。
3. 了解水生动物性原料智能化初加工的设备。

**任务导入**

　　水生动物性原料的智能化初加工在烹饪智能化转型中占据重要地位,通过智能去鳞、去内脏设备以及超声波清洗技术,高效处理原料并保障洁净安全。其初加工后的品质直接决定了菜品质量,直接影响食用者健康水平。在相关任务学习中,要熟练掌握水生动物性原料智能化去杂、清洗、保鲜等加工流程,确保每一份原料都能契合高标准的烹饪需求。

➡ **知识精讲**

#### 一、鱼类原料的智能化初加工

　　在烹饪行业智能化升级的浪潮中,鱼类原料的智能化初加工凭借先进技术,突破了传统加工的局限。鱼类品种丰富,生长环境与体表结构差异大,智能化初加工通过精准识别与自动化处理,可达到高效、优质的初加工效果。

(一) 鱼类原料智能化初加工的目的与要求

**1. 保障食品安全与卫生** 通过智能化去鳞、去内脏及清洗技术,彻底清除鱼类体表黏液、鳞片、沙粒及内脏污染物,降低寄生虫(如异尖线虫)、细菌(如弧菌)及重金属残留风险。例如智能洗涤系统的紫外线杀菌功能可使原料表面微生物菌落总数降低90%以上,符合《食品安全国家标准 鲜、冻动物性水产品》(GB 2733—2015)的卫生要求。

**2. 提升原料品质与利用率** 3D视觉识别与微创加工技术可避免传统人工操作导致的鱼肉破损,保留鱼体完整形态与肌肉纤维活性。如激光开膛技术可使鱼体破损率控制在3%以下,同时智能分拣设备能将鱼头、鱼尾等边角料自动归类用于高汤熬制,原料综合利用率提升至98%。

**3. 适配标准化烹饪需求** 根据不同菜品对鱼类原料的不同形态要求(如整鱼清蒸、鱼片刺身、鱼块红烧等),通过智能切割与分拣系统实现规格统一。例如智能去鳞机可针对不同鱼种(如鲈鱼、三文鱼)调整加工参数,确保成品鱼鳞残留量≤5片(每500 g),以满足高端餐饮的精细化需求。

**4. 技术操作规范要求**

(1) 体表处理精度:有鳞鱼去鳞时,智能去鳞机根据鱼种鳞片硬度自动调节刀片转速(如鲤鱼1200 r/min、鳕鱼800 r/min),确保鳞片去除率≥99%且鱼皮损伤深度<0.5 mm;对无鳞鱼采用高压脉冲水流(压力8~12 MPa)结合超声波(频率40 kHz)清洗,黏液清除率需达100%。

(2) 内脏加工标准:智能开膛设备需按鱼类解剖学数据(如鲫鱼腹腔开口距鳃盖后缘3~5 cm)规划路径,激光切割热损伤范围≤0.3 mm;负压去内脏装置需在10 s内完成全内脏摘除,内脏破裂率≤1%,避免胆液污染鱼肉。

**5. 卫生安全控制要求**

(1) 环境与设备消杀:加工车间需配备臭氧自动消杀系统(浓度0.5 mg/m³,每日运行2次),智能设备接触表面采用316L不锈钢材质,每次加工后用80 ℃热水+食品级清洗剂循环冲洗15 min,关键部位(如刀片、机械臂末端)需用75%酒精喷雾消毒。

(2) 实时监测:在清洗环节末端设置在线水质检测仪(余氯含量0.5~1.0 mg/L)和微生物快速检测模块(检测时间≤10 min),一旦发现指标超标,自动触发三级清洗程序并锁定问题批次原料。

**6. 效率与能耗优化要求**

(1) 产能协同标准:智能化生产线需满足单条流水线每小时处理500~800条鱼的产能需求,从去鳞到分拣的全流程耗时不长于6 min,其中内脏加工环节效率较传统人工提升8~10倍。

(2) 绿色节能标准:设备需采用伺服电机驱动(能耗较传统电机降低40%),水循环系统中水重复利用率≥85%,智能分拣环节的能耗控制在0.2 kW·h/100 kg原料以内。

(二) 鱼类原料智能化初加工的方法

在现代食品加工领域,鱼类原料的初加工借助智能技术实现了革新升级,将传统加工要点与智能设备相结合,大幅提升了加工效率与品质。

**1. 智能化去鳞加工** 绝大多数鱼体的鳞片质地坚硬,通常不具有食用价值,需优先去除,但像鲥鱼等特殊鱼类的鳞片因富含脂肪,烹饪时能提升鱼肉品质,应予以保留。智能化去鳞加工运用智能物体识别机器视觉AOI系统等,通过高分辨率摄像头快速扫描鱼体,再利用先进的图像处理和深度学习算法,精准判断鱼的品种与鳞片特性。对于需去鳞的鱼类,智能去鳞机依据识别结果,自动调节刀片角度、转速和力度。例如,面对鲤鱼时,智能去鳞机以1200 r/min的转速和适中力度工作,确保鳞片去除率≥99%,同时避免损伤鱼皮;而当检测到鲥鱼等特殊鱼类时,设备自动跳过去鳞工序。整个过程无需人工干预,既保证了去鳞效果,又能准确保留特殊鱼类的鳞片。

**2. 智能化黏液去除加工** 无鳞鱼体表的黏液腥味重且黏滑,影响加工与烹调,传统方法有生搓

和熟烫两种，智能化加工在此基础上进一步优化。

（1）智能生搓系统：针对生炒鳗片、炒蝴蝶片等需保持鱼肉嫩度的菜品，智能生搓系统可模拟人工搓揉动作。将宰杀去骨的鳗肉或鳝肉放入特制容器后，设备自动按比例添加盐、醋。通过机械臂的旋转、挤压等动作反复搓揉，待黏液起沫后，设备内置的水循环系统自动进行清水冲洗，最后由烘干装置用适宜温度的热风配合干抹布进行擦净处理。整个过程依靠设备内的传感器精准控制力度和时间，确保不影响鱼肉嫩度和后续出骨加工。

（2）智能熟烫系统：对于鲷鱼、泥鳅等鱼类，智能熟烫系统可根据鱼的品种、重量和烹调要求，自动调节水温和烫制时间。例如用于红烧或炖汤时，设备运用智能温度感应系统，将水温精准控制在75～85 ℃，浸烫1 min。针对软兜长鱼等特殊菜品，先按水与鳝鱼3∶1的比例注入清水，智能添加葱、姜、黄酒、醋（浓度4％左右）、盐（浓度3％左右），将水烧沸后，通过机械臂快速放入用纱布包好的活鳝鱼，自动调节热源温度，防止水沸腾，若检测到水温接近沸腾，立即注入少量凉水降温。烫制过程中，设备内的搅拌装置模拟刷把动作轻轻推动鳝鱼，确保黏液充分脱落，当温度达到90 ℃左右时，自动计时15 min完成烫制，随后自动将鳝鱼捞入清水中漂洗。整个流程严格遵循传统工艺要求，且温度、时间控制更加精准。

**3. 智能化内脏清理**

（1）智能开膛系统：智能开膛系统具备三种开膛模式，可通过AI算法分析鱼的体型、品种，根据菜品需求，自动选择合适的开膛方法。如对于荷包鲫鱼、鲥鱼等纺锤形鱼菜加工需求，智能开膛设备自动采用脊出法，利用激光或高精度刀具从鱼背处沿脊骨剖开，借助传感器精准控制切口深度，避免损伤鱼肉，再由机械臂将内脏从脊背处掏出；对于红烧鱼、松鼠鳜鱼等菜品加工需求，设备采用腹出法，沿腹部精准剖开，同时通过传感器实时监测，防止划破鱼胆；而针对八宝鳜鱼等，设备采用鳃出法，用特制的机械筷子从鱼嘴部插入，通过两鳃进入腹腔搅出内脏并切断肛肠。

（2）智能内脏分拣与处理系统：鱼的内脏中，鱼子、鱼鳔等部分具有食用价值，智能化初加工能对其进行精准处理。智能分拣设备通过图像识别和重量检测，自动分离出鱼鳔、鱼肠、鱼子等。鱼鳔加工时，机械臂将鱼鳔剖开，自动添加少量盐进行搓揉，随后送入类似扫地机器人基站中即热式热水模块原理的沸水烫制装置进行略烫，最后经清水冲洗后输出；鱼肠加工时，智能剪刀自动剖开鱼肠，添加盐搓洗后送入沸水略烫，再用清水洗净；对于鱼子，设备采用轻柔的抓取和分离技术，避免薄膜破裂，清理过程由机械臂轻柔操作，确保鱼子完整。

**二、其他水产品的智能化初加工**

除鱼类外，虾蟹类、贝类、头足类等其他水产品的智能化初加工，通过融合先进技术，旨在满足食品安全、品质提升、高效生产等需求，同时遵循严格的加工要求，保障产品质量与生产效益。

**（一）其他水产品智能化初加工的目的和要求**

**1. 保障食品安全** 水产品易受微生物、寄生虫、重金属污染，智能化初加工利用紫外线杀菌、高压水射流清洗等技术，可去除虾蟹类外壳污垢、贝类泥沙、头足类体表黏液及潜在有害物质等。

**2. 提升产品品质** 利用3D视觉识别与AI算法，精准识别水产品的新鲜度、成熟度。例如，智能剥虾机根据虾的大小、肉质硬度自动调节力度，完整保留虾仁，减少破损；贝类开壳设备通过传感器检测贝壳开合度，确保贝肉完整，提升产品市场价值。

**3. 提高加工效率与降低成本** 自动化生产线实现从清洗、分拣到包装的全流程连贯作业，可减少人工干预。以头足类（如鱿鱼）加工为例，智能切割设备可按预设规格快速将鱿鱼切成圈、片、条等形状，效率是人工切割的数倍，同时降低了人力成本与原料损耗率。

**4. 满足标准化生产需求** 不同烹饪场景与市场对水产品规格要求各异，智能化初加工可依据需求设定参数，生产大小、形状统一的产品。如冷冻虾仁按重量分级包装，将蟹肉精准拆分为不同部

位,满足餐饮、零售等多样化需求。

**5. 卫生安全控制要求**

(1) 环境与设备消杀:加工设备采用食品级不锈钢材质,表面光滑无死角,便于清洁;车间配备自动消杀系统,定时进行臭氧、紫外线消毒,防止交叉污染。

(2) 严格质量检测:在线检测设备实时监测水产品的微生物指标、重金属含量、异物残留等。例如,利用 NIR 技术快速检测虾蟹类的蛋白质、水分含量,确保品质达标。

**6. 精准加工要求**

(1) 精准识别与操作:智能识别系统需具备高分辨率与快速处理能力,能准确区分水产品的品种、规格、品质差异。如贝类分拣设备通过图像识别并区分不同贝类品种,并按大小分类,可将误差控制在极小范围。

(2) 精细加工控制:加工过程中,设备参数需精准可调。如虾类去壳设备的机械臂力度、头足类去皮设备的刀具转速,都要根据水产品特性实时调整,保证加工精度与产品完整性。

**7. 高效生产要求**

(1) 设备性能优化:加工设备需具备高度的稳定性与可靠性,以满足连续作业需求。例如,虾类分拣设备每小时处理量可达数千只,且长时间运行无故障。

(2) 生产流程协同:各加工环节紧密衔接,通过物联网技术实现设备间的数据共享与协同作业。从原料上线到成品包装,全流程高效运转,缩短生产周期。

**8. 节能环保要求**

(1) 节约资源:采用节水型清洗设备,循环利用水资源;智能分拣系统可减少原料浪费,提高利用率。

(2) 低碳排放:设备选用节能型电机与加热装置,可降低能耗;优化加工工艺,可减少加工过程中的碳排放。

(二) 两栖类动物智能化初加工

养殖牛蛙作为典型的两栖类烹饪原料,其智能化初加工依托先进技术突破传统局限。智能分拣设备利用高光谱成像技术,快速检测养殖牛蛙的新鲜度、健康状况,精准剔除品质不佳的个体。自动化去皮设备借助 3D 视觉识别蛙体轮廓,通过柔性机械臂控制刀具,沿皮肤与肌肉分层处进行毫米级精度去皮,完整保留薄而分层的肌肉组织。针对养殖牛蛙后肢发达的特点,智能切割设备依据预设规格,自动分割蛙腿、蛙身,且通过 AI 算法调整切割力度,避免破坏肉质纤维,确保加工后的蛙类原料满足不同菜品需求。

(三) 爬行类动物智能化初加工

龟鳖开壳机器人利用压力传感器与 3D 建模技术,识别龟鳖腹面角质板结构,采用激光辅助切割,精准分离角质板与肉壳。

(四) 甲壳类动物智能化初加工

**1. 虾类加工**　智能分选流水线采用 3D 视觉识别与重量传感器双重检测,按大小、重量、色泽对虾类进行高精度分级。自动化剥壳机通过仿生机械臂模拟人手动作,结合压力反馈系统,依据虾壳硬度调整剥壳力度,完整保留虾仁。

**2. 蟹类加工**　蟹类清洗机器人配备高压旋转喷头与超声波清洗系统,可有效去除梭子蟹、中华绒螯蟹等蟹类外壳缝隙的污垢与微生物。

(五) 软体动物智能化初加工

**1. 贝类加工**　贝类分拣设备利用图像识别与振动传感器,可区分扇贝、牡蛎等不同品种,并按壳形、大小进行分类。

**2. 头足类加工**　自动化去皮设备通过低温冷冻与机械摩擦双重作用,快速去除头足类体表黏液与表皮。智能切割设备根据预设规格,将头足类如鱿鱼切成圈、片、条等形状,切割过程中实时监测肉质硬度,动态调整刀具转速与切割路径,保证切面光滑、规格统一。

### 三、水生动物性原料初加工的智能设备

（一）一次成型切花机

**1. 用途**　一次成型切花机可供水产品加工厂、肉类制品厂、大型餐饮企业使用,适用于鱿鱼、猪腰、鸭胗、鸡胗等的切花(图 5-3-1)。

**2. 特点**

（1）刀片耐磨耐用,拆卸方便,易于清洗,符合食品卫生标准。

（2）切花的深浅度可调,切花速度快,大大节省了人力。

（3）机器操作简单,性能稳定,安全可靠。

（二）高压去鳞机

高压去鳞机可以去除鲈鱼、三文鱼、金鲳鱼、白鲢鱼、花鲢鱼、草鱼、大黄鱼等各种鱼类的鱼鳞,解决了人工去鳞速度慢和不均匀的难题;其还可以保护鱼头的外观,不损伤鱼肉,不影响鱼肉的质量(图 5-3-2)。高压去鳞机适用于鱼类加工厂、肉类制品厂、大型超市、海鲜市场、火锅店、烤鱼店及大型餐饮企业等的鱼类去鳞。

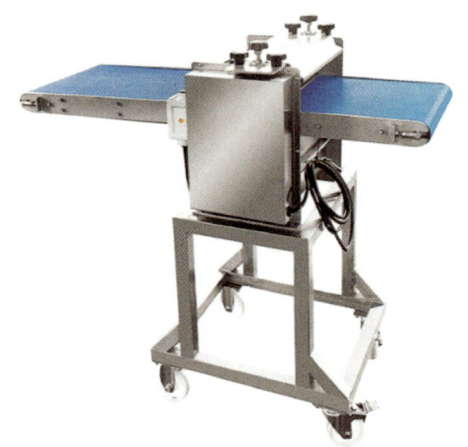
图 5-3-1　一次成型切花机

图 5-3-2　高压去鳞机

# 项目六 原料的分解与切割

## 任务一　原料智能化分解加工

扫码看课件

扫码看视频

### 任务目标

1. 了解原料智能化分解加工的目的和要求。
2. 了解不同原料的智能化分解加工的方法。
3. 探索智能化分解加工设备。

### 任务导入

在烹饪工艺学的流程体系中，原料智能化分解加工是承上启下的核心环节，它既是对原料前期处理的深化，也是为后续菜品烹制搭建桥梁的关键步骤。原料智能化分解加工的精准程度与效率，不仅决定了原料利用率和菜品形态，更深刻影响着烹饪工艺的传承创新与烹饪产业发展格局。通过本任务，着重掌握原料智能化分解加工在全品类原料中的应用逻辑，以及与之适配的精细化加工技术，确保原料以最优配置进入烹饪环节，充分释放原料本味与烹饪创意。

### 知识精讲

#### 一、原料智能化分解加工的目的和要求

原料智能化分解加工通过融合先进技术，革新传统加工模式，在烹饪领域发挥着重要作用。其背后有着明确的目的和导向，并遵循一系列严格要求，以保障加工质量与效益。

（一）原料智能化分解加工的目的

**1. 保障原料品质与安全**　利用智能设备精准的操作减少加工过程中对原料的损伤，保持其营养成分和口感，如利用智能切割机器人处理果蔬、肉类，可避免细胞组织过度破坏，延缓氧化变质。

**2. 提升加工效率与降低成本**　利用自动化生产线和智能设备替代大量人工操作，显著提升加工效率。例如，智能屠宰分割生产线每小时可处理数百头畜类，效率远超人工。此外，精准的加工能减少原料浪费，如智能切割设备可根据原料形态规划最佳切割方案，提高出成率，降低生产成本；智能分选系统可对原料进行精准分级，实现资源合理利用，避免优质原料与普通原料混杂而造成的原料价值损失。

**3. 满足烹饪标准化需求**　不同烹饪场景对原料规格要求各异，智能化分解加工可根据需求设定参数，提供标准化原料。如为快餐行业提供大小、厚度一致的肉片、菜丝，方便快速烹饪且保证菜

品质量稳定;为高端餐饮定制特定形状和精度的原料,满足精致菜品的制作要求,提升烹饪效率和菜品出品的一致性。

**4. 推动烹饪产业升级** 智能化分解加工技术的应用促使烹饪产业向自动化、智能化方向发展,推动传统加工模式转型。通过技术创新,开发出更多新型产品,拓展烹饪原料的应用范围,为烹饪工艺的创新提供更多可能性,助力烹饪产业的可持续发展。

(二)原料智能化分解加工的要求

**1. 技术设备要求**

(1)精准识别与控制:智能设备需具备高精度的识别能力,如机器视觉系统的分辨率、传感器的灵敏度等要达到行业标准,确保对原料的形态、质地、成分等进行准确判断。同时,加工过程中设备的控制精度要高,如智能切割设备的切割误差需控制在极小范围,保证原料规格统一。

(2)设备稳定性与兼容性:设备应能长时间稳定运行。不同加工环节的设备之间要具备良好的兼容性,实现数据共享和协同作业,保障加工流程顺畅。例如,从原料分选到切割、包装的各设备间能自动传输信息,无缝衔接。

**2. 卫生安全要求**

(1)设备清洁与消毒:加工设备采用食品级材质,表面光滑无死角,便于清洁。设备需配备自动清洗和消毒功能,如采用高温蒸汽、紫外线、臭氧等定期消毒,防止交叉污染。

(2)质量检测与追溯:建立完善的质量检测体系,利用在线检测设备实时监测原料的各项指标(如微生物含量、重金属残留量、营养成分含量等)。同时,对加工过程进行全程数据记录,实现原料来源、加工环节、成品去向的可追溯,确保食品安全。

**3. 人员操作与管理要求**

(1)专业技能培训:操作人员需接受系统的设备操作和维护培训,熟悉智能设备的工作原理、操作流程和安全规范,能够熟练处理设备常见故障,确保设备正常运行和加工质量稳定。

(2)标准化管理:制定详细的加工操作标准和质量控制规范,明确各环节的操作要求和质量指标。加强生产过程的监控和管理,及时发现并解决加工过程中出现的问题,保证加工过程规范、有序。

## 二、不同原料的智能化分解加工方法

植物性原料、陆生动物性原料、水生动物性原料的特性差异显著,其智能化分解加工方法也各有侧重。通过针对性的技术应用,充分挖掘原料价值,为烹饪提供优质原料。

(一)粮食类原料智能化分解加工

粮食类原料如稻谷、小麦、玉米等,加工重点在于脱壳、研磨与分级。智能脱壳设备采用仿生搓碾技术,通过对谷物外壳硬度和韧性的智能识别,精准控制搓碾力度与转速,实现稻谷脱壳、小麦去皮,且降低米粒破碎率。智能磨粉系统利用可调式研磨辊与粒度检测传感器,根据面粉用途(如高筋面粉用于制作面包、低筋面粉用于制作蛋糕)自动调节研磨精度,实时监测面粉颗粒大小,确保粉质均匀。此外,智能色选机借助高光谱成像技术,快速分拣出异色颗粒、杂质和霉变谷物,保证原料纯净度,为面食、糕点等的制作提供高品质基础原料。

(二)果蔬类原料智能化分解加工

果蔬类原料注重新鲜度保持与形状规格控制。智能分选设备集成机器视觉与 NIR 技术,不仅能检测果蔬的外部瑕疵(如碰伤、腐烂),还可分析内部糖分、水分含量和成熟度,将果蔬精准分级。智能切割设备依据烹饪需求对果蔬进行切割,如将胡萝卜切成均匀细丝用于凉拌,将土豆切成规则块状用于炖煮,且切割厚度误差控制在极小范围。

### (三)畜类原料智能化分解加工

畜类原料加工需精准分割不同部位,如对里脊肉、五花肉、牛腩等不同部位,切割精度达毫米级,减少肉品损耗。针对不同部位肉质特性,智能设备还可自动调节切割力度与速度,如处理鲜嫩的里脊肉时采用轻柔切割模式,保证肉质完整,为煎、炒、炖等不同烹饪方式提供适配原料。

### (四)禽类原料智能化分解加工

智能分割与分解系统根据禽类品种(以鸡为例)和烹饪需求,将禽类分割成整鸡、鸡翅、鸡腿、鸡胸肉等不同规格,同时将鸡爪、鸡翅尖等边角料进行自动分拣回收,提高原料利用率。

### (五)鱼类原料智能化分解加工

智能开膛系统借助3D建模与激光切割,精准开膛去内脏;智能切割机器人依据骨骼、肉质,以0.1 mm级的精度切割。智能分拣包装设备则通过重量与视觉识别分类,利用气调包装结合温控保鲜。

加工流程涵盖原料预处理、分解加工与包装储存。原料经检测后,依次完成去鳞、开膛去内脏、切割分拣,最终包装入库,冷库物联网实时监控温湿度。

## 三、原料智能化分解加工设备

### (一)"庖丁解牛"式猪胴体加工生产线

"庖丁解牛"式猪胴体加工生产线由河南科技学院人工智能学院院长蔡磊教授团队牵头研发(图6-1-1)。该生产线针对猪胴体骨骼复杂、结缔组织韧性高、表面滑腻等生理特征,突破了复杂多层次嵌套猪胴体机器人自主加工技术瓶颈。该团队创立了"庖丁慧脑"技术体系,使该生产线的猪胴体多源异构光感智联矩阵感知系统每小时可完成1500次高精度感知,具备在线自进化能力;构建了"庖丁慧刃"技术体系,研制的刚柔耦合蛇形复合仿生剔骨装备,分割精度达1 mm,剔骨率高于93%;建立了"庖丁慧手"技术体系,实现了硬骨刺软肌肉异形肉品"自适应包裹抗形变、多级耗能抗穿刺、真空零漏护肉质"的"刚-韧-封-防"四位一体协同适配封装。该生产线价格仅为国外同类产品的1/12,实现了千万元级国产装备对进口装备的有效替代。

图6-1-1 "庖丁解牛"式猪胴体加工生产线

### (二)微型鳝鳅秒剖切机

微型鳝鳅秒剖切机由湖北省农业机械工程研究设计院等联合研发(图6-1-2)。该设备可精准识别鳝鱼的腹与背,采用纯机械结构,无需传感器探头。其在0.1 s内就能完成一条活鳝鱼的剖切处理,每小时可处理7000~10000条鳝鱼,效率可达人工的100倍,可替代50~80个人工。该设备不仅能处理鳝鱼,对泥鳅同样适用,且切口光滑、易去骨和内脏、清洗简便。该设备已远销美国、越南、缅甸等国家。

（三）全自动泥鳅黄鳝宰杀机

全自动泥鳅黄鳝宰杀机设计精妙，内部采用类似数控机床的精准定位系统，由先进的 PLC 控制系统进行全自动控制（图 6-1-3）。针对泥鳅和鳝鱼体表黏滑不易传送的问题，该设备配备特殊设计抓取轮（表面具备独特纹理与材质）抓取且避免过度损伤泥鳅和鳝鱼表皮。其宰杀通道倾斜，设有上下相对的刺轮和切刀，利用泥鳅、鳝鱼自然姿态肚皮朝下的规律，可实现精准破肚或去骨作业。该设备每小时处理量可达数千条，操作界面简洁，普通工作人员经简单培训即可上手。设备主体采用食品级不锈钢材质，关键部件便于拆卸清洗，宰杀废弃物自动收集，保障了加工品质与安全。

图 6-1-2　微型鳝鳅秒剖切机

图 6-1-3　全自动泥鳅黄鳝宰杀机

## 任务二　智能化刀工加工

### 任务目标

1. 了解智能化刀工加工的目的和要求。
2. 了解智能化刀工加工的方法。
3. 了解智能化刀工加工设备。

### 任务导入

智能化刀工是连接原料预处理与烹饪制作的关键枢纽，它既是对智能化分解取料成果的精细化处理，也是菜品成型与风味释放的重要前置工序。智能化刀工的操作精度与处理效率，不仅直接影响原料的形态美感、口感质地，更在标准化生产、传统技艺传承以及烹饪创新发展等方面发挥着深远作用。通过本任务的学习，深入理解智能化刀工在不同原料加工中的差异化应用逻辑，熟练掌握智能刀具、视觉识别系统等先进技术设备的操作要点，让原料在精准切割与创意雕琢中，以最佳状态融入烹饪环节，为菜品注入科技与匠心交融的独特魅力。

**知识精讲**

## 一、智能化刀工加工的目的和要求

### （一）智能化刀工加工的目的

**1. 提高加工效率与一致性** 传统刀工依赖厨师经验与熟练度，效率有限且易受人为因素影响。智能化刀工加工设备，如上述鱼类加工设备中的智能切割机器人，可实现连续作业，每分钟能处理数十条鱼，其效率相比人工大幅提升。同时，设备通过精确的程序控制和传感器反馈，可保证每次切割的厚度、长度、形状误差极小，确保原料规格统一，为标准化烹饪和大规模食品生产提供保障。

**2. 保证原料质量与安全性** 智能化刀工加工设备能够精准识别原料的纹理、硬度等特性，如畜类智能屠宰分解设备依据肌肉、脂肪和骨骼分布进行切割，避免对肉质的过度破坏，最大限度地保留原料营养成分和口感。此外，设备采用食品级材质，且具备自动清洗和消毒功能，可降低人工操作带来的交叉污染风险，保障食品安全。

**3. 满足多样化烹饪需求** 不同菜品对原料的刀工要求各异，智能化刀工加工设备可通过预设程序或参数调整，实现丝、片、块、丁等多样化切割形态。无论是精细的冷盘雕花，还是满足快节奏烹饪需求的标准化原料预处理，设备都能快速响应，为厨师节省时间和精力，助力创新菜品研发。

**4. 降低人力成本与劳动强度** 智能化刀工加工替代部分人工操作，可减少企业对专业刀工厨师的依赖，降低人力成本。同时，其避免了人工长时间重复性劳动带来的疲劳和损伤，降低了劳动强度。

### （二）智能化刀工加工的要求

**1. 设备性能要求**

（1）高精度与稳定性：智能化刀工加工设备需具备高精度的切割能力，切割误差通常控制在毫米级甚至更小。例如，鱼类智能切割机器人的切割精度达 0.1 mm 级。此外，设备需长时间稳定运行，确保生产连续性。

（2）智能识别与自适应能力：设备应配备先进的识别技术/装置，如机器视觉、传感器等，能快速准确地识别原料的种类、大小、形状、硬度等特性，并根据识别结果自动调整切割参数，实现自适应加工。

**2. 操作与维护要求**

（1）简便易用：设备操作界面应简洁直观，易于操作人员学习和掌握，即使是非专业技术人员经过简单培训也能熟练操作。同时，设备应具备故障自诊断功能，方便快速定位和解决问题。

（2）定期维护与保养：为保证设备性能和使用寿命，需制订严格的维护与保养计划，定期对刀具、传感器、传动部件等进行检查、清洁、润滑和更换，确保设备处于最佳工作状态。

**3. 安全与卫生要求**

（1）安全防护设计：设备应设置完善的安全防护装置，如急停按钮、防护罩等，防止操作人员意外受伤。同时，设备运行过程应具备安全监测功能，一旦检测到异常情况立即停止运行。

（2）卫生清洁规范：设备材质需符合食品卫生标准，表面光滑无死角，便于清洁。每次加工结束后，应及时对设备进行清洗和消毒，避免原料残留和细菌滋生。

## 二、智能化刀工加工的方法

在智能化刀工加工体系中，原料成型是关键环节，它借助 3D 视觉识别、智能控制系统等核心技术，依据烹饪需求对全品类原料进行精准塑造，为菜品制作奠定基础。

(一)核心技术助力形状成型

**1. 机器视觉识别定位**　高分辨率摄像头与图像处理算法组成的视觉识别系统,如同"智能眼睛",快速捕捉原料外形轮廓、纹理走向和尺寸数据。面对形状各异的原料,如不规则的南瓜、复杂结构的鱼类,其能精准定位边缘与关键部位,为刀具路径规划提供数据支持,确保切割形状符合预设标准。

**2. 智能控制系统调节**　基于传感器采集的原料硬度、温度等实时数据,智能控制系统结合预设形状参数,动态调整刀具运行状态。处理冻肉时,自动增强切割力度;加工鲜嫩豆腐时,降低切割力度并优化切割速度,保证不同质地原料都能精准成型,减少破损与变形。

**3. 高精度刀具路径规划**　伺服电机驱动的高精度刀具,依据系统指令规划运动轨迹。在切割细丝、薄片或雕刻复杂图案时,通过微米级定位精度,实现对原料的精细化加工,保障形状的规整度与一致性。

(二)不同原料的成型加工

**1. 植物性原料**　针对土豆、黄瓜等形状规则的果蔬,智能设备采用旋转切割或直线往复切割方式,快速切成均匀的丝、片、块。对于西蓝花、菜花等不规则果蔬,智能刀具进行修剪分割,保留可食用部分并塑造出规整形态。此外,利用雕刻功能,智能设备可在果蔬表面加工出花朵、动物等图案,为冷盘装饰、创意菜品提供形状多样的原料。

**2. 陆生动物性原料——畜类原料**　将畜类原料置于传送带上,智能刀具沿着肌肉纹理和关节走向分离。例如切牛肉片时,通过调节刀具切割频率与移动速度,确保每片厚度均匀;制作肉丝时,以精准的直线切割轨迹,产出粗细一致的肉丝,满足炒菜、凉拌菜等菜品对原料形状的要求。

**3. 陆生动物性原料——禽类原料**　如对于胸脯肉,如需切成丁状,智能刀具进行横竖交叉切割,形成大小均匀的肉丁;若要制作禽肉卷,通过薄片切割与精准卷曲辅助装置,将肉片加工成符合造型需求的形状,为创意菜品提供标准化原料。

**4. 水生动物性原料——鱼类原料**　如制作酸菜鱼鱼片时,智能刀具沿鱼横截面避开鱼骨,以固定厚度平行切割;制作松鼠鳜鱼时,根据预设花纹图案,智能刀具在鱼身表面雕刻出规则刀纹,深度与间距精准可控,不仅塑造出美观外形,还能在烹饪时实现更好的入味与造型效果。

### 三、智能化刀工加工设备

(一)智能香肠切花机

智能香肠切花机是一款高效、智能的食品加工设备,专为满足香肠类产品切割与装饰需求而设计(图6-2-1)。它采用先进的切割技术,能够在香肠表面精准地切割出各种精美的花纹,不仅提升了产品的美观度,还增强了其吸引力,让其更具市场竞争力。同时,智能香肠切花机配备智能化的控制系统,操作简单便捷,用户只需设定好切割参数,即可实现自动化切割,大幅提高了生产效率。

(二)切馅机

切馅机在家庭厨房场景中表现出色,针对陆生动物性原料展现出智能化优势。其搭载高效能电机,支持切丁、切丝、绞肉等多种切割模式。以切畜类肉为例,当用猪肉制作饺子馅时,用户只需选择相应的绞肉模式,它就能快速将肉块绞成均匀细腻的肉馅,无须担心大小不均。在切禽类肉如鸡肉切丝时,其凭借先进的刀具材料和设计,能够精准切割,切丝效果堪比专业刀工。切馅机具备易于清洗的结构,切割部件可轻松拆卸,避免卫生死角(图6-2-2)。

(三)多功能穿串机

多功能穿串机适用于鱼豆腐、蟹棒、鱼排等多种原料,可根据具体需求定制模具(图6-2-3)。一台设备可配备多种规格的模具,达到一机多用的效果。该设备操作简便,单人即可完成操作,产量最

项目六　原料的分解与切割

图 6-2-1　智能香肠切花机

高可达每小时 3000 串。此外，其能耗较低，每小时耗电量约 1 度。

　　多功能穿串机不仅提升了生产效率，还极大地节省了人力成本。其精准的模具设计保证了产品的一致性和美观度，使得最终的产品在市场上更具竞争力。同时，其低能耗的特点也符合现代企业的环保理念，降低了运营成本。

图 6-2-2　切馅机

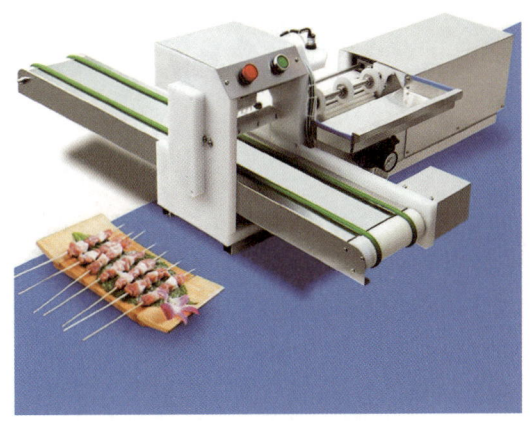

图 6-2-3　多功能穿串机

## 任务三　智能刀工训练系统

扫码看视频

### 任务目标

1. 认识智能刀工训练系统。
2. 熟悉智能刀工训练系统的使用方法。

> **任务导入**
>
> 智能刀工训练系统是针对职业学校烹饪专业刀工训练需求而研制的智能训练工具及训练管理系统。其结合传统厨艺刀工训练方法和创新的数字化技术,是一种具有"智能硬件＋在线云平台管理训练系统"创新模式的厨艺刀工训练评估系统。

## 知识精讲

### 一、智能刀工训练系统介绍

（一）设备简介

设备主要由智能厨刀和智能砧板组成(图6-3-1)。

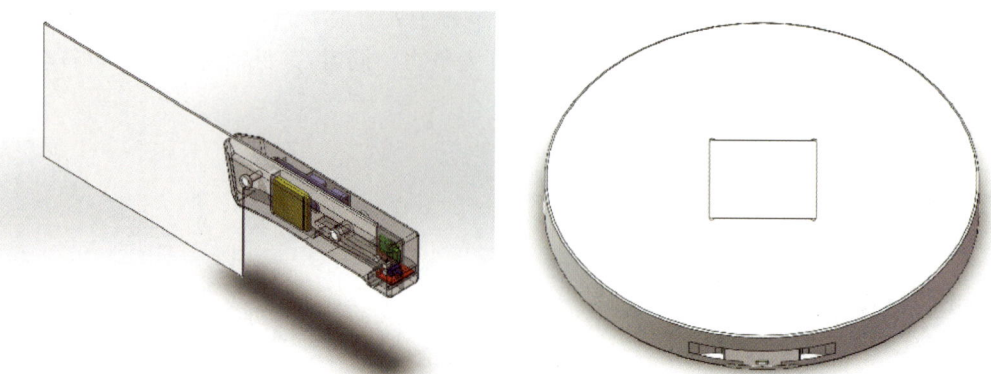

图 6-3-1　智能厨刀和智能砧板

**1. 智能厨刀**　智能厨刀(又名智能刀频采集器)是一款结合蓝牙、Wi-Fi联网功能和多种类数据采集功能的智能设备,主要用于采集烹饪刀法训练过程中的水平和垂直方向的偏转角度、砍切的加速度、切割频率等数据。其通过姿态采集传感器、蓝牙芯片、定位装置等技术手段,实现对学员操作动作的实时监测和分析,从而获取最准确、最客观的训练数据。

**2. 智能砧板**　智能砧板(又名智能刀力采集器)是一款专为厨艺刀工训练中运刀力度数据采集设计的高科技产品。其主体由塑料材质砧板制成,表面覆盖抗冲击的硬性材料,保证了产品在频繁使用下的耐用性和稳定性。

智能砧板内部集成了一系列传感器和无线连接设备(如蓝牙芯片和Wi-Fi芯片),能够精准捕捉并记录刀与砧板撞击产生的一系列数据。这些数据包括冲击力度、冲击频率等重要指标,有助于学员准确了解自己的刀工运力技巧。其通过对学员操作中运刀力度的实时监测和分析,获取最准确、最客观的训练力度数据,从而帮助学员提高烹饪训练效率和质量。

（二）系统运行流程框架

智能刀工训练系统运行流程框架如图6-3-2所示。

（1）教师端负责训练管理、评分规则管理等,教师端创建训练之后,需要开启训练,学生端的训练课程才会开启,学员连接智能设备进行训练。

（2）学员需要连接智能设备才能开始训练操作。操作数据会自动记录在智能设备中,在训练倒计时结束之后,缓存在智能设备中的训练数据会自动同步到手机中。

(3) 手机中的数据需要确认提交之后才会保存到云平台中,并形成训练报告。

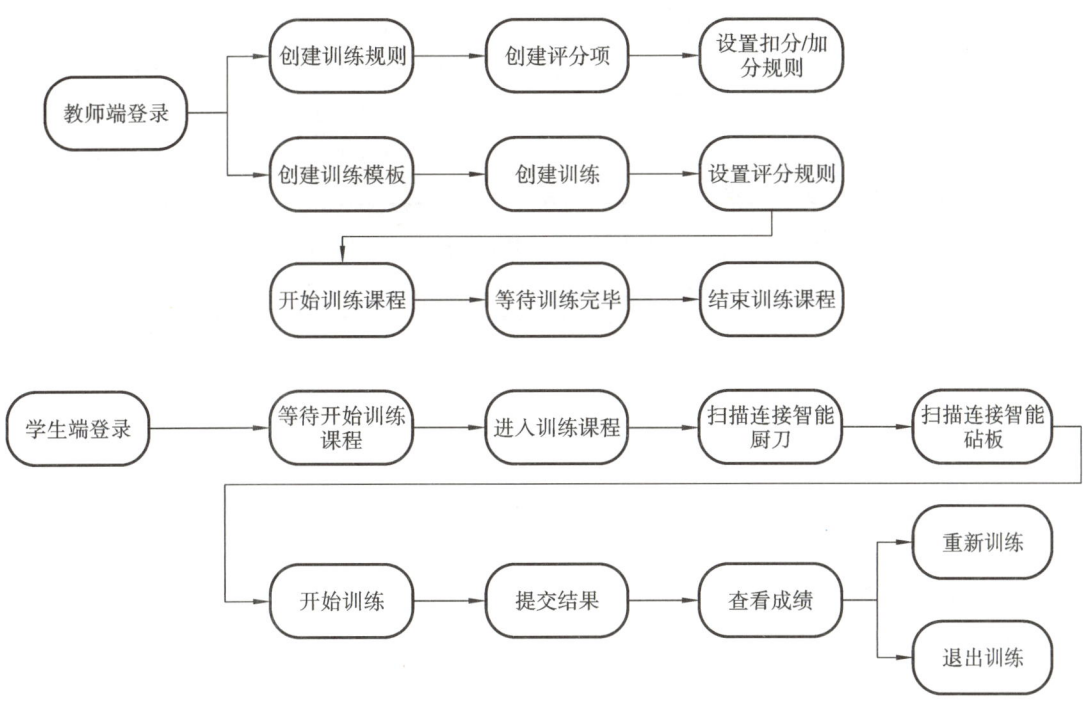

图 6-3-2　智能刀工训练系统运行流程框架

## 二、智能刀工训练系统的使用方法

（一）连接智能设备

进入训练准备步骤时,学员需要将智能厨刀和智能砧板的电源打开,绑定使用该智能设备。

（二）开始训练

当智能厨刀和智能砧板连接成功后,会进入进行训练步骤,点击"开始训练"按钮,实操训练将会在 5 s 后开始,并进入训练倒计时阶段。学员需要拿起智能厨刀准备开始训练。学员可以在倒计时阶段点击"停止训练"按钮暂时停止训练,并再次点击"开始训练"按钮重新进行该训练。

（三）训练数据同步

倒计时阶段的所有操作数据将会被系统记录,并在倒计时结束之后自动同步。该过程将会自动进行,如果系统数据同步过程出现问题,学员可以点击"重新获取"按钮,再次通过智能设备同步操作数据。由于蓝牙传输速度限制,同步时间随训练时间增长而延长,1 min 的训练数据可能需要 20 s 的同步时间,请耐心等待同步结束。

（四）确认提交和生成训练报告

当训练数据同步完毕后,系统会进入确认提交步骤,学员需要点击"确认提交"按钮将训练数据提交到云平台并生成训练报告。若此时退出训练界面或者结束训练,此次训练数据将会被丢弃,学员需要重新进行训练以获取训练数据。

（五）操作示例:智能刀工训练系统训练

根据智能刀工训练系统使用步骤进行训练自测,实际操作过程记录于表 6-3-1 中。

表 6-3-1　利用智能刀工训练系统进行训练自测

| 步　骤 | 说　明 |
|---|---|
| 步骤一 | |
| 步骤二 | |
| 步骤三 | |
| 步骤四 | |

根据智能刀工训练系统训练后的数据进行训练分析,并记录于表 6-3-2 中。

表 6-3-2　训练分析(如有设备)

| 序　号 | 训练次数 | 分　数 | 总结分析训练结果 |
|---|---|---|---|
| 1 | 第 1 次训练 | | |
| 2 | 第 2 次训练 | | |
| 3 | 第 3 次训练 | | |
| 4 | 第 4 次训练 | | |
| 5 | 第 5 次训练 | | |

在线答题

# 项目七

# 糊浆拍粉工艺的智能化加工

## 任务一　智能化糊浆工艺

扫码看课件

扫码看视频

### 任务目标

1. 了解智能化糊浆工艺的目的和要求。
2. 了解智能化在糊浆工艺中的体现。

### 任务导入

　　智能化糊浆工艺是连接原料初加工与原料热处理的关键纽带,它既是对原料前期形态塑造的升华,也是为后续烹饪工序赋予风味与质感的核心步骤。糊料的精准调配与均匀附着水平,不仅直接决定菜品的色泽、口感与营养留存,更在标准化量产、传统技法革新以及烹饪产业现代化转型中发挥着不可替代的作用。通过本任务的学习,深入理解智能化糊浆工艺在不同原料与烹饪需求中的适配逻辑,让原料在科学精准的糊浆处理下,以最佳状态进行烹饪,充分激发原料潜力与烹饪艺术的完美融合。

### 知识精讲

#### 一、智能化糊浆工艺的目的和要求

（一）智能化糊浆工艺的目的

**1. 提升挂糊均匀性与标准化程度**

（1）传统痛点突破:解决人工挂糊时因手法差异导致的糊层厚度不均、气泡残留等问题。例如在油炸排骨时,智能设备可通过定量喷涂系统使每块排骨的糊层厚度误差控制在 0.5 mm 以内,确保炸制后色泽与口感统一。

（2）数据化工艺落地:将传统的"凭经验调糊"转化为可量化的参数控制,如设定面糊浓度为 1200 cP（厘泊）、挂糊温度保持在 25 ℃,通过传感器实时监测并自动调整,实现跨批次生产的一致性。

**2. 优化原料保护与烹饪效果**

（1）锁水保嫩机制:利用智能喷糊装置在原料表面形成致密糊膜,如处理鲜嫩鱼片时,糊层可减少煎制过程中 80% 的水分流失,相比人工挂糊使鱼肉嫩度提升 2 个等级（依据质构仪检测数据）。

（2）精准调控糊料特性:针对不同烹饪需求调整糊料成分,如针对酥炸类菜品通过智能混料系

统添加 15% 的膨松剂,使糊层膨胀率达到 300%,而人工调配难以精准控制添加剂比例。

**3. 提高生产效率与降低成本**

(1) 自动化连续作业:如中央厨房的流水线设备,每小时可处理 500 kg 陆生动物性原料挂糊,相当于 10 名熟练厨师的工作量,且能耗成本降低 30%。

(2) 减少原料浪费:智能挂糊设备的糊料利用率达 95% 以上(人工操作约 70%)。

### (二) 智能化糊浆工艺的技术要求

**1. 设备系统的核心技术指标** 智能化糊浆工艺设备系统的核心技术指标见表 7-1-1。

表 7-1-1 设备系统的核心技术指标

| 技术维度 | 具体要求 | 应用案例 |
| --- | --- | --- |
| 视觉识别系统 | 分辨率≥2000 dpi,可识别原料形状、大小与表面纹理,定位误差≤0.3 mm | 识别鸡翅凹凸面并自动调整喷糊角度 |
| 定量输送系统 | 糊料流量控制误差在 1.5% 以内,支持 0.1～5 mm 不同糊层厚度设定 | 为虾球定制 0.3 mm 薄糊用于脆炸 |
| 温度控制系统 | 恒温范围为 15～40 ℃,温控精度可达 1 ℃,防止淀粉老化或蛋液变性 | 保持酥糊在 28 ℃ 时的最佳黏稠状态 |

**2. 原料适应性与工艺匹配**

(1) 植物性原料:如为豆腐等易碎原料设计低压静电挂糊技术,通过静电吸附使糊料均匀附着,豆腐破损率从人工操作的 20% 降至 5% 以下。

(2) 陆生动物性原料:如针对牛排等厚切原料,采用"预涂-喷淋"双工序,先通过滚筒涂抹基础糊,再用扇形喷头补涂边缘,确保肌肉纹理间隙均匀挂糊。

(3) 水生动物性原料:如处理多刺鱼时,利用负压吸附固定原料,配合柔性刮刀沿鱼鳞方向刮涂,避免破坏鱼皮完整性。

**3. 卫生安全与维护标准**

(1) 食品级材质要求:接触原料的部件需采用 316L 不锈钢(符合 GB 4806.9—2023 标准),表面粗糙度(Ra)≤0.8 μm,便于原位清洗(CIP)系统彻底清洁。

(2) 智能防交叉污染:设备内置紫外线杀菌模块,每批次生产后自动对挂糊腔体进行 30 min 的消杀,使微生物残留量≤10 CFU/cm$^2$。

(3) 故障预警功能:通过传感器监测糊料结块、喷头堵塞等异常,实时推送预警信息至中控系统,响应时间不长于 10 s。

**4. 人机交互与数据管理**

(1) 可视化操作界面:支持 10 寸触摸屏预设 100 余种挂糊工艺模板,如"糖醋里脊标准糊""天妇罗薄脆糊"等,可一键调用参数。

(2) 生产数据追溯:自动记录每批次挂糊的时间、温度、糊料配方等数据,生成 PDF 报表存储至云端,满足餐饮企业溯源需求。

## 二、智能化在糊浆工艺中的体现

在食品生产领域,传统糊浆工艺依赖人工经验,存在效率低、质量不稳定等问题。而智能技术的融入,让糊浆工艺在精准度、效率和品质把控上实现了突破,以下从多个方面阐述其智能化体现。

### (一) 工艺参数的智能化调控

在传统工艺中,调制糊料、控制挂糊厚度全凭厨师手感与经验,难以实现标准化生产。智能技术应用后,通过传感器与智能控制系统可实现精准调控。例如,糊料储罐配备的黏度传感器能实时监测糊料黏度,当数值偏离预设范围(如设定为 1200 cP)时,系统自动添加水或粉进行调整;温度传感

器则将挂糊温度稳定控制在 25 ℃左右,防止淀粉老化或蛋液变性。在挂糊厚度控制上,智能喷涂设备通过压力传感器和流量传感器协同工作,根据预设的糊层厚度(如 0.1～3 mm),自动调节气压(0.3～0.8 MPa)和糊料流量,将误差控制在 1.5% 以内,确保每份原料的挂糊厚度均匀一致。

(二)设备自动化与柔性化生产

智能化挂糊上浆设备替代了大量人工,实现了自动化连续作业。如五轴联动喷涂机器人,通过视觉识别系统(分辨率 2000 dpi)识别原料形状、大小和表面纹理,自动规划喷涂路径,对牛排、鸡翅等不同形状原料进行 360°无死角挂糊,每小时可处理 500～1000 kg 原料。此外,智能设备具备柔性化生产能力,通过预设不同的工艺模板,能快速切换生产需求。例如,从处理炸鸡的厚糊(1～3 mm)切换到制作天妇罗的薄糊(0.05～0.2 mm),只需在操作界面一键调用对应参数,5 min 内即可完成设备调整,满足食品企业多产品线生产需求。

(三)质量全程监控与追溯

智能设备对挂糊上浆的全过程进行实时监控。视觉识别技术不仅用于规划设备运行路径,还能在线检测挂糊效果,通过图像分析判断糊层是否均匀、有无漏挂。同时,生产过程中的所有数据,包括糊料配方、温度、压力、加工时间等,都被自动记录并上传至云端数据库。消费者通过扫描食品包装上的二维码,即可追溯产品从原料采购、挂糊上浆到成品包装的全流程信息,实现质量可追溯,增强消费者信任。

(四)节能与环保的智能化管理

智能设备通过优化运行逻辑实现节能增效。例如,静电吸附挂糊设备在检测到传送带上无原料时,自动进入待机模式,降低能耗;糊料回收系统采用智能过滤装置,将多余的糊料进行过滤、消毒后循环利用,使糊料利用率从传统人工操作的 70% 提升至 95% 以上,减少原料浪费。设备的清洗环节也实现智能化,CIP 系统根据生产批次和原料类型,自动选择合适的清洗液和清洗程序,在保证清洁效果的同时,减少水资源和清洁剂的使用,践行绿色生产理念。

## 任务二　智能化拍粉工艺

扫码看视频

### 任务目标

1. 了解智能化拍粉工艺的目的和要求。
2. 了解智能化在拍粉工艺中的体现。
3. 了解挂糊上浆及拍粉加工的智能设备。

### 任务导入

智能化拍粉工艺是传统人工拍粉技法的科技化升级,通过智能设备与自动化系统,实现拍粉原料精准附着与风味强化。在原料适配方面,智能设备支持干淀粉、面包糠、面粉等多样化粉料。智能化拍粉工艺不仅提升了拍粉的均匀性和标准化程度,也提升了生产效率,有效降低了人力成本,是未来烹饪加工行业发展的方向之一。

**知识精讲**

### 一、智能化拍粉工艺的目的和要求

#### (一) 智能化拍粉工艺的目的

**1. 提高拍粉均匀性与标准化程度** 传统人工拍粉易因操作人员手法、力度差异,导致原料表面粉层厚度不均,影响烹饪后的口感与外观。智能化拍粉设备借助精准的定量撒粉系统和智能运动控制技术,可使每一份原料的粉层厚度误差控制在极小范围。例如,在处理炸鸡块时,能确保每块鸡块表面粉层厚度一致,炸制后色泽金黄、酥脆度均匀,满足工业化生产对产品标准化的严格要求。

**2. 提升生产效率与降低人力成本** 智能化拍粉设备可实现连续自动化作业,每小时原料处理量远超人工操作。以中央厨房为例,自动化拍粉生产线每小时可处理数百千克原料,相当于 8～10 名熟练工人的工作量。同时,设备可减少对人工的依赖,降低企业人力成本,提高生产效益。

**3. 保障食品安全与卫生** 智能化拍粉设备采用食品级材质,具备自动清洁和消毒功能。在拍粉过程中,封闭式的加工环境可有效避免外界污染;加工结束后,通过 CIP 系统自动对设备内部进行清洗和消毒,可减少细菌滋生,确保拍粉环节的食品安全,相比人工拍粉更符合现代食品卫生标准。

**4. 满足多样化烹饪需求** 智能化拍粉设备可通过调整参数,适配不同类型的粉类(如面粉、干淀粉、面包糠等)和不同原料(畜类、禽类、鱼类、果蔬等)的拍粉需求。针对油炸类菜品,设备可控制粉层厚度以达到理想的酥脆效果;对于烘焙类食品,设备能精准控制拍粉量,保障产品口感与品质的稳定,为多样化的烹饪和食品生产提供支持。

#### (二) 智能化拍粉工艺的要求

**1. 设备性能要求**

(1) 精准定量撒粉:设备需配备高精度的计量装置和撒粉系统,如螺旋式定量给粉器或振动式撒粉器,确保粉量输出稳定,误差控制在 2% 以内。同时,设备应能根据原料大小、形状自动调整撒粉量和撒粉范围,实现精准拍粉。

(2) 高效均匀覆盖:采用多方位撒粉设计,结合原料的翻转、移动装置,确保粉类均匀覆盖原料表面各个部位。例如,通过滚筒式翻转机构或机械臂夹持翻转,配合多角度撒粉喷头,实现 360° 无死角拍粉,粉层均匀度达到 98% 以上。

(3) 智能控制系统:设备需具备人机交互界面,方便操作人员预设拍粉参数(如粉量、撒粉速度、加工时间等)。系统可自动存储和调用不同产品的工艺参数,实现快速切换生产。同时,应通过传感器实时监测设备运行状态和拍粉效果,出现异常时自动报警并停机。

**2. 操作与维护要求**

(1) 简便、易操作:设备操作界面应简洁直观,操作人员经过简单培训即可熟练掌握设备的启动、停止、参数设置等操作。设备需具备故障自诊断功能,能快速定位故障点,并提供相应的解决方案,便于维修人员及时处理。

(2) 定期维护保养:制订严格的设备维护保养计划,定期对撒粉系统、传动部件、控制系统等进行检查、清洁、润滑和校准。例如,每周清理撒粉器内部残留的粉类,防止结块堵塞;每月对计量装置进行校准,确保粉量输出准确,保障设备长期稳定运行。

**3. 卫生安全要求**

(1) 食品级材质标准:设备与原料接触的部件必须采用符合国家食品安全标准的材料,如 316L 不锈钢、食品级塑料等,表面光滑无死角,便于清洁。严禁使用易生锈、易腐蚀或可能释放有害物质的材料。

(2) 清洁与消毒规范：每次生产结束后，需对设备进行全面清洁，清除残留的粉类和杂质。定期（如每天或每班次）对设备进行消毒处理，可采用紫外线照射、臭氧消毒或高温蒸汽消毒等方式，确保设备内部环境清洁卫生，防止交叉污染。

(3) 安全防护设计：设备应设置完善的安全防护装置，如急停按钮、防护罩等，防止操作人员意外受伤。设备运行过程中，若检测到异常情况（如部件松动、过载等），应立即停止运行并发出警报，保障人员和设备安全。

## 二、智能化在拍粉工艺中的体现

### （一）生产效率与成本控制

在食品工业化生产中，传统人工拍粉工艺存在效率低、原料浪费严重等问题。智能化拍粉设备通过自动化与精准控制，可显著提升生产效率。以连续式滚筒拍粉机为例，其每小时可处理600～800 kg原料，相比人工拍粉效率提升8～10倍。设备搭载智能定量供粉系统，利用螺旋输送器与高精度称重传感器配合，可将粉量误差控制在1.5%以内，减少20%～30%的粉类原料浪费。同时，设备的自动清洁与维护功能缩短了换产时间，使生产线的有效作业率从75%提升至92%，大幅降低了单位产品的生产成本。

### （二）产品质量标准化

食品生产对产品质量稳定性要求极高，智能化拍粉工艺可为标准化生产提供保障。视觉识别系统可实时监测原料表面的粉层厚度与均匀度。例如，在处理冷冻鸡块时，系统可根据冷冻程度调整撒粉力度，确保粉层厚度一致，炸制后产品外观、口感均一性达98%以上。此外，设备采用食品级不锈钢材质与封闭式加工环境，配合紫外线消毒模块，使微生物污染风险降低80%，满足食品安全标准，保障产品质量稳定性。

### （三）生产流程数字化管理

智能化拍粉工艺可深度融入食品生产数字化体系。设备通过物联网技术接入工厂制造执行系统（MES），实现生产数据实时上传与分析。管理人员可在中控平台查看每台设备的运行状态、粉类消耗、产品合格率等数据，通过大数据分析优化生产流程与工艺参数。例如，根据历史生产数据，系统自动预测不同订单的粉类用量，提前进行原料采购与调配，使订单交付周期缩短15%～20%，提升企业供应链响应速度。

### （四）生产灵活性与新品开发

面对食品市场的多样化需求，智能化拍粉设备具备高度灵活性。通过模块化设计，设备可快速更换撒粉喷头、滚筒等组件，适配面粉、面包糠等不同类型拍粉原料。设备支持多工艺参数预设，企业可在数分钟内完成从普通炸鸡拍粉到高端烘焙糕点拍粉工艺的切换。这种灵活性加速了新品开发进程，企业可快速响应市场趋势，推出低脂、高纤维等功能性拍粉产品，抢占市场先机，提升企业竞争力。

### （五）绿色生产与可持续发展

在食品生产绿色转型背景下，智能化拍粉工艺可助力企业实现可持续发展。设备配备的废粉回收系统，通过负压吸附与多级过滤技术，可将散落废粉回收率提升至90%以上，回收粉经过处理后可用于饲料生产，降低原料成本的同时减少废弃物排放量。此外，设备的节能设计（如待机自动休眠、智能变频控制）可使单位能耗降低25%～30%，符合食品生产企业节能减排目标，推动行业绿色发展。

### 三、挂糊上浆及拍粉加工的智能设备

**（一）智能挂糊上浆一体机**

智能挂糊上浆一体机采用先进的自动化控制技术，能实现连续化生产（图 7-2-1）。挂糊、上浆、拍粉环节均可精准调控，适用于多种动物性原料和植物性原料。其独特的浆粉循环系统，可将未使用的浆粉回收再利用，极大地提高了原料利用率、降低了成本。例如在处理冷冻虾仁时，设备能依据虾仁的大小和形状，自动调整挂糊和上浆的厚度，确保每颗虾仁均匀裹覆，炸制后外观金黄酥脆、口感一致。设备每小时处理量可达 500～700 kg，显著提升了生产效率，且整机采用食品级 304 不锈钢材质，符合食品安全卫生标准，易清洁维护。

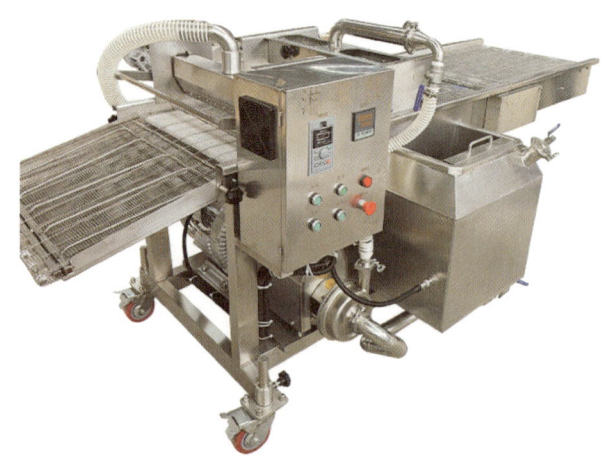

图 7-2-1　智能挂糊上浆一体机

**（二）多功能智能拍粉机**

多功能智能拍粉机通过模块化设计，可快速更换不同类型的撒粉组件，适配面粉、面包糠、玉米粉等多种拍粉原料（图 7-2-2）。设备搭载先进的视觉识别系统，能实时监测原料表面的粉层厚度与均匀度，并借助 AI 算法自动调节撒粉参数。以生产炸薯条为例，设备可根据薯条的湿度和表面状态，精准控制撒粉量，保证粉层厚度均匀，炸制后的薯条外酥里嫩、口感稳定。设备还具备自动清洁功能，缩短了换产时间，提高了生产线的有效作业率，适用于食品加工厂、中央厨房等不同场景。

图 7-2-2　多功能智能拍粉机

### (三)智能真空滚揉机

智能真空滚揉机主要用于各种动物性原料的滚揉(图 7-2-3)。它的功能是使不同种类的动物性原料在真空条件下得到均匀的滚揉,通过盐、辅料和蛋白质的溶解、吸收,达到改善肉质、嫩化肉纤维、提高产品出成率的目的,同时大大缩短了搅拌时间,提高了工作效率。

图 7-2-3　智能真空滚揉机

# 项目八

# 基于智能烹饪的原料热处理

## 任务一 原料热处理的实质与内容

### 任务目标

1. 了解热处理的核心理化变化。
2. 了解智能技术对热处理的革新。
3. 了解智能烹饪与传统烹饪在热处理环节的技术差异。

### 任务导入

在中央厨房智能化过程中,如何量化原料品质变化与温度的关系?如何通过实时监测数据判断肉质的韧嫩程度?本任务将原料热处理与智能设备的传感器数据(如肉质嫩度仪反馈的纤维断裂力值)结合,构建"经验工艺→数据模型→智能执行"的转化体系,为烹饪工艺解决标准化生产中的热处理参数设定难题。

 知识精讲

#### 一、热处理的核心理化变化

(一)蛋白质变性

智能低温慢煮设备(精度可达 0.5 ℃)在 55 ℃环境下处理牛肉 12 h,可使肌球蛋白变性率达 85%,较传统水煮使牛肉嫩度提升 30%。

(二)淀粉糊化

智能蒸烤箱通过多段温控(60 ℃预糊化→100 ℃定型),可使淀粉糊化度达 92%,优于传统蒸煮的 80%。

(三)脂肪氧化

智能炸炉的红外热成像技术可实时监测油脂酸价,当酸价>2.5 mg/g 时自动报警,较人工判断误差降低 40%。

## 二、智能技术对热处理的革新

### (一) 动态参数调节

智能炒菜机器人根据原料重量自动修正翻炒频率(如对 500 g 原料设定为 120 次/分)。

### (二) 营养保留优化

真空低温慢煮(sous vide)技术在 60 ℃ 条件下可保留原料 90% 的维生素 C,较传统爆炒提升 50%。

### (三) 安全量化控制

巴氏杀菌智能设备通过 70 ℃/30 s 程序,可使微生物杀灭率达 99.9%,符合 HACCP 标准。

## 三、传统烹饪与智能烹饪在热处理环节的技术差异

智能烹饪设备凭借其自动化、精准控制及数据化管理等优势,逐渐渗透至现代餐饮企业,而传统烹饪设备则因其稳定性、适应性强及较低的初始投入,仍广泛应用于各类餐厅。

二者的对比需从生产效率、成本控制、菜品适应性、维护需求等核心维度展开,以指导餐饮从业者根据实际经营需求进行合理配置(表 8-1-1)。

表 8-1-1 技术差异

| 特　　性 | 传统烹饪设备 | 智能烹饪设备 |
| --- | --- | --- |
| 自动化程度 | 完全依赖厨师操作,灵活性高但人力成本高 | 支持程序化烹饪(如自动投料、定时控温),减少了人工干预,适合标准化连锁餐饮 |
| 出餐效率 | 受限于厨师技能与设备数量,高峰期易出现困难 | 可并行处理多任务(如智能炒菜机连续作业),适合高峰期流水线生产 |
| 人力成本 | 依赖厨师技能,人力成本高且流动性风险大 | 降低了对高技能厨师的依赖程度,但需技术人员维护 |
| 初始投资 | 单台设备成本低,但需配套更多设备与人员 | 单台设备成本高,但长期使用可节省人力成本 |
| 能耗管理 | 能耗依赖操作习惯,燃气设备热效率较低 | 通过算法优化能源使用(如动态调节火力),节能潜力显著 |
| 菜品一致性 | 依赖厨师经验,同一菜品可能存在差异 | 精准控制参数,确保出品高度标准化,适合连锁品牌 |
| 功能扩展性 | 功能固定,需更换设备或调整工艺 | 支持联网更新菜谱,快速适应菜单调整 |
| 维护复杂度 | 机械结构简单,故障易排查且维修成本低 | 需定期进行软件升级与电子元件检修,维修成本较高 |
| 空间利用率 | 单一功能设备需占用更多场地 | 多功能集成(如一机多能),节省厨房空间 |
| 安全性 | 需严格管理(如燃气防火、油温监控) | 具备自动断电、故障报警等功能,可降低人为操作风险 |
| 适用菜系 | 兼容性强,尤其适合中式炒菜、明火烹饪等传统工艺 | 擅长标准化菜品(如快餐、烘焙食品),但对复杂工艺(如爆炒)适应性有限 |

扫码看视频

## 任务二　热传递的途径与特色

### 任务目标

1. 了解热传导、热对流、热辐射在烹饪中的智能技术优化。
2. 了解智能设备的热传递创新。

### 任务导入

本任务将系统拆解三种热传递途径在智能设备中的技术实现,通过电磁感应加热、变频风扇等智能技术优化,解析热传递效率提升的工程逻辑,为设备研发与工艺优化提供理论支撑。

### 知识精讲

#### 一、三种热传递途径的智能应用

三种热传递途径的智能应用见表 8-2-1。

表 8-2-1　三种热传递途径的智能应用

| 热传递途径 | 传统工艺局限 | 智能技术优化 | 典型设备 |
| --- | --- | --- | --- |
| 热传导 | 锅底温差大(可达 15 ℃) | 电磁感应加热(温差不超过 3 ℃) | 智能炒锅 |
| 热对流 | 风速不可控(波动范围±2 m/s) | 变频风扇(0~10 m/s 精准调节) | 热风烤箱 |
| 热辐射 | 波长单一(红外波段 4~10 μm) | 多波段红外组合(2~15 μm) | 智能烤炉 |

#### 二、智能设备的热传递创新

(一) 复合传热技术

某品牌智能蒸烤箱结合蒸汽对流(100 ℃)与红外辐射(150 ℃),使烤鸡表皮脆化时间缩短了 40%。

(二) 动态建模

AI 算法可根据热导率(如铜 0.38 W/(m·K)、牛肉 0.45 W/(m·K))自动生成传热曲线。

(三) 能耗优化

电磁感应加热的热效率达 85%,较燃气炉(55%)节能 30 个百分点。

扫码看视频

### 任务三　原料热处理中的传热过程

**任务目标**

1. 解析原料热处理中蛋白质变性、淀粉糊化等理化反应的本质。
2. 阐明热处理对原料营养保留、口感塑造影响的科学原理。

**任务导入**

智能烹饪设备通过传感器、算法模型与执行机构的协同，突破传统人工经验局限，实现了"温度-时间-原料特性"的动态匹配，达到火候控制精准化。

**知识精讲**

#### 一、核心技术架构——传感器

（一）接触式传感器

**1. 热电偶/热电阻**　直接插入原料或锅底中，精度达 0.5 ℃，用于实时监测核心温度（如牛排中心熟度）。

**2. 压力式温控器**　常见于智能压力锅，通过锅内气压换算温度，进行"高压焖煮"与"低压保温"模式的切换。

（二）非接触式监测

**1. 红外热成像**　如搭载 80 像素×60 像素热像仪的智能炒菜机，可生成锅体温度分布云图，识别油温不均匀区域并自动调整加热模块功率。

**2. 视觉光谱分析**　摄像头捕捉原料色泽变化（如煎蛋时蛋黄从液态到固态的 RGB 值变化），结合 AI 算法反推原料表面温度。

#### 二、智能控制算法

（一）比例积分微分（PID）控制

经典算法（如 PID）用于动态调节加热功率。如智能电饭煲煮饭时，通过 PID 算法维持水温在 65 ℃（淀粉糊化最佳温度）30 min，再快速升温至 100 ℃ 收汁，使米饭颗粒饱满。

（二）模型预测控制（MPC）

高端智能设备如商用智能炒菜机器人（图 8-3-1），可基于原料热传导模型预测未来 5 min 温度变化，并据此提前调整火力。实验数据显示，该技术可使红烧牛肉的肉质软烂度标准差降低 42%。

（三）自适应学习算法

设备可通过用户烹饪历史数据训练模型。如某品牌智能烤箱记录用户多次"200 ℃ 烤鸡翅

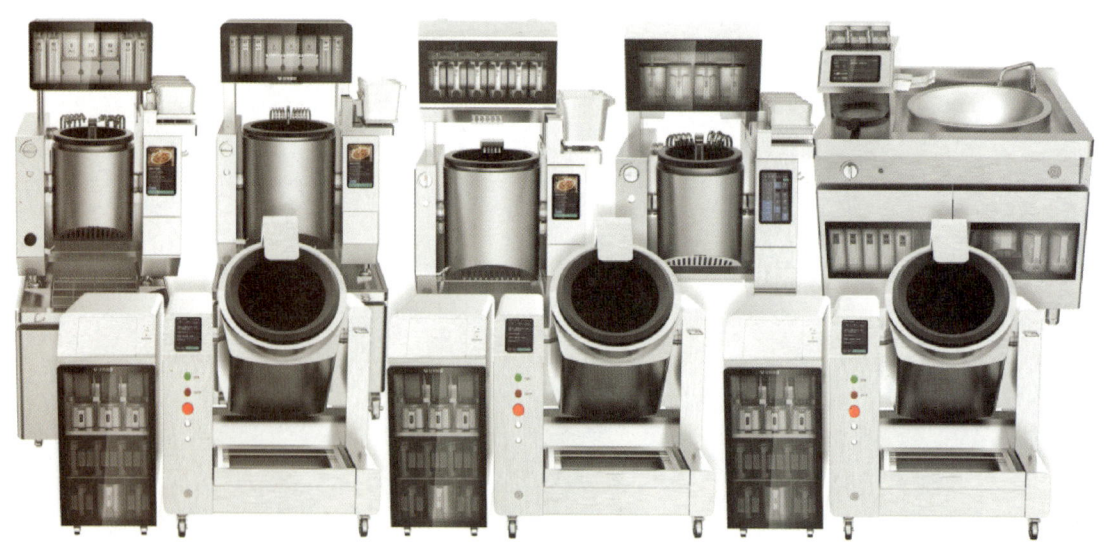

图 8-3-1　商用智能炒菜机器人

25 min"后,自动优化温度曲线(前 10 min 220 ℃锁水,后 15 min 180 ℃慢烤),提升烤制均匀性。

### 三、执行机构创新

#### (一) 分区独立加热

电磁炉采用多线圈矩阵,可同时实现"中心大火爆炒、边缘小火保温"。

#### (二) 脉冲式加热技术

微波炉通过高频脉冲(200 次/秒)加热技术代替连续加热,避免局部过热。实测显示,脉冲加热可使蔬菜中维生素 C 的保留率提升 18%。

#### (三) 相变材料控温

部分慢炖锅内壁嵌入石蜡基相变材料,当温度超过设定值时吸收热量相变储能、低于设定值时释放热量,实现误差不超过 1 ℃的超精准控温。

### 四、典型应用场景

#### (一) 低温慢煮

智能慢煮机(图 8-3-2)通过闭环控制系统维持水温在 45～60 ℃(如 55 ℃水煮三文鱼),误差在 0.3 ℃及以内。相比传统水煮,该技术可使肉类肌红蛋白保留率提升 65%,提高了肉质嫩度。

#### (二) 油炸工艺优化

智能炸炉(图 8-3-3)搭载油温实时监测与自动补油系统:当检测到油温因原料放入下降 10 ℃时,0.5 s 内提升加热功率至 120%,30 s 内恢复至设定温度(如 180 ℃炸薯条),同时通过油位传感器自动补充损耗油量,确保炸制色泽一致。

#### (三) 烘焙曲线定制

智能烤箱(图 8-3-4)支持"多段温度编程":如在烤面包时,用户可设置"预热 180 ℃→入炉后 150 ℃烤 10 min→200 ℃烤 5 min"的曲线。配合湿度传感器,其可精准控制面包表皮脆度与内部水分含量。

图 8-3-2　智能慢煮机

图 8-3-3　智能炸炉 1

（四）中式炒菜模拟

智能炒菜机（图 8-3-5）可通过"火候数据库"复现传统技法。

图 8-3-4　智能烤箱 1

图 8-3-5　智能炒菜机

（1）爆香阶段：锅底温度骤升至 240 ℃（持续 30 s），激发葱姜蒜香气。
（2）翻炒阶段：温度维持在 180～200 ℃，机械臂以 120 次/分的频率翻动，避免焦煳。
（3）收汁阶段：温度回落至 150 ℃，通过间歇性加热使酱汁浓稠度达 85 °Brix（白利糖度）。

## 任务四　利用智能设备进行原料的热处理——炸、煎

扫码看视频

### 任务目标

1. 了解智能炸炉的油质监测与温度控制技术。
2. 解析智能煎锅对原料表面焦糖化反应的精准调控。
3. 应用智能设备实现炸、煎工艺的低脂化创新。

## 任务导入

本任务将聚焦炸、煎工艺的智能设备应用,通过酸价传感器、红外测温等技术,解析智能设备对传统高油工艺的优化路径,为餐饮企业解决健康化与口感的平衡难题。

### 知识精讲

#### 一、智能炸制技术革新

(一)油质动态管理

智能炸炉(图 8-4-1)内置酸价传感器,实时监测油质变化,当过氧化值>0.25 meq/kg(1 meq/kg=0.5 mmol/kg)时自动启动过滤程序,使油的使用周期延长 50%。

(二)温度精准控制

真空低温炸制(80 ℃/真空度-0.08 MPa)可使薯条含油率从 25% 降至 12%。

#### 二、智能煎制工艺优化

(一)牛排煎制

智能煎锅(图 8-4-2)通过热成像技术绘制表面温度云图,当美拉德反应(140~160 ℃)区域覆盖率达 85% 时自动翻面,确保牛排表皮焦香度一致。

图 8-4-1　智能炸炉 2

图 8-4-2　智能煎锅

(二)低脂煎蛋

不粘涂层智能煎锅(图 8-4-2)通过温度控制(温度 150 ℃)配合脉冲加热(加热 10 s→暂停 2 s),可使煎蛋油脂吸收率降低 40%,同时保持蛋白质凝固度(70 ℃/5 min)。

### 任务五 利用智能设备进行原料的热处理——蒸、烤

#### 任务目标

1. 了解智能蒸制技术突破。
2. 了解智能烤制工艺创新。

#### 任务导入

本任务将围绕蒸、烤工艺的智能设备应用,通过湿度传感器、多段温控等技术,解析传统工艺的数字化复现路径,为高端餐饮提供精准热处理的技术方案。

#### 知识精讲

**一、智能蒸制技术突破**

(一) 湿度精准调控

智能蒸柜(图 8-5-1)通过超声波雾化(雾粒直径<5 μm)与冷凝水回收系统,将鱼体中心相对湿度控制在 95%±2%,确保清蒸鱼的肌肉含水率达 78%(传统蒸制为 72%)。

分段蒸制工艺(先 100 ℃蒸汽 5 min,再 80 ℃焖制 3 min)可使包子面皮的淀粉糊化度提升至 90%,避免塌陷。

(二) 动态压力管理

高压蒸箱(1.5 kPa)(图 8-5-2)处理蹄髈时,通过压力-温度耦合控制(110 ℃/20 min),可使胶原蛋白溶出率提高 30%,较传统蒸煮时间缩短 50%。

图 8-5-1 智能蒸柜

图 8-5-2 高压蒸箱

高压蒸箱可根据原料重量(如 500 g 整鸡)自动计算最佳蒸制时间(误差≤30 s)。

### 二、智能烤制工艺创新

(一) 多热源协同

智能烤箱(图 8-5-3)结合红外辐射(200 ℃)与热风循环(180 ℃),可使烤鸭皮的酥脆度(硬度>300 N)与脂肪融化率(85%)同时达标。

(二) 烟熏风味量化

果木烟熏智能烤箱通过果木种类(苹果木/樱桃木)与温度(120 ℃)的精准控制,可使烟熏成分(愈创木酚)含量稳定在 0.8～1.2 mg/kg。

(三) 嫩度预测模型

烤牛肉时智能设备可根据肌红蛋白变性率(55 ℃时达 70%)自动调整烤制时间,避免过熟(剪切力>5 kgf(1 kgf=9.8 N))。

图 8-5-3　智能烤箱 2

### 任务六　利用智能设备进行原料的热处理——炒、烧、焖、炖

**任务目标**

1. 了解智能炒菜机翻炒、控温、投料的核心技术。
2. 了解智能烧、焖、炖的核心优势。

项目八 基于智能烹饪的原料热处理

> **任务导入**
>
> 本任务将聚焦炒、烧、焖、炖等中式核心工艺的智能化转型,通过翻炒动力学模型、长时间温控算法等技术,解析传统工艺的数字化转化路径,为连锁餐饮企业解决大规模生产中的风味一致性难题。

  **知识精讲**

### 一、智能炒菜机核心技术

**1. 自动控温/控功率**

(1) 锅内壁设置温度传感器,实时监测温度。

(2) 通过自控算法实现温度波动≤5%、功率波动≤5%的精准控制。

**2. 自动翻炒/出菜**

(1) 通过电机驱动锅体正反转+搅拌铲双向翻动,实现自动翻炒。

(2) 通过电机或推杆驱动锅体翻转,实现自动出菜。

**3. 自动投料**

(1) 液体调料:投料误差≤1 mL。

(2) 固体调料:投料精度可达0.1 g(注:配备防潮设计以避免结块)。

(3) 校准机制:定期通过"重量标定"修正误差。

**4. 火候控制**

(1) 温度怎么测:

①接触式:用贴在锅底的"温度计"(热电偶/热电阻)实时监测,精度可达0.5 ℃。

②非接触式:用红外传感器扫描锅内温度,"哪里不热调哪里"。

(2) 温度怎么调:

①自动调温:动态调节加热功率。

②预测调温:智能预测温度变化,提前调节功率。

③自适应调温:通过用户烹饪习惯数据训练模型,自动优化温度曲线。

**5. 加热原理**　智能炒菜机通过锅体底部的线圈通电实现加热,通过控制频率实现功率调节。

**6. 调料投放**

(1) 调料储存方式:

①液体调料:存放于密闭的食品级储料罐中,使用防止挥发的瓶盖,防止液体挥发和异物落入。

②固体调料:存放于带干燥剂的固体调味罐中,罐壁透明以便于余量监控并进行防潮设计。

(2) 调料投放精度:

①液体调料:投放误差通常可控制在5%以下。

②固体调料:投放误差通常可控制在5%以下。

③高黏度酱料:投放误差通常可控制在10%以下。

(3) 调料系统校正方式:智能炒菜机具备调料系统校正模式,通过出料量与实际量的对比,实现对调料系统的校正。

智能炒菜机如图8-6-1所示。

图 8-6-1　智能炒菜机

### 二、智能烧、焖、炖的核心优势

**（一）精准控温**

传统砂锅炖肉要时刻盯着火,智能慢煮机直接具备"红烧肉模式",设定 95 ℃恒温,温度波动不超过 1 ℃。比如炖 500 g 五花肉时,设备自动维持水温在 95 ℃,胶原蛋白慢慢分解,肉质软烂不柴,相比传统明火炖可节省 1 h。

实操技巧:炖排骨前先焯水去血沫,放入智能慢煮机中加足够热水(没过原料 2 cm),选择"蹄筋模式",设备会分阶段升温(先 90 ℃炖 1 h,再 85 ℃焖 30 min)。

**（二）减少营养素损失**

低温慢煮(60 ℃)炖鸡汤时,维生素 C 保留率达 85%,而传统煮法维生素 C 会流失 50%以上。智能慢煮机的"低温锁鲜"功能,能让原料在低温下慢慢释放鲜味,汤更清甜。

案例:用智能慢煮机炖菌菇汤,设定 65 ℃煮 2 h,香菇的鲜味物质(谷氨酸)溶出率比传统煮法高 30%,喝起来更浓郁。

项目九

# 基于智能烹饪的菜谱设计

## 任务一　智能菜谱的设计流程

扫码看课件

扫码看视频

### 任务目标

1. 了解智能菜谱三大创建模式的操作流程与适用场景。
2. 了解从设备录制到参数优化的全流程数据闭环逻辑。
3. 能独立完成成熟配方的标准化导入与参数校准。

### 任务导入

在餐饮行业数字化转型的背景下,面临传统菜谱经验难以转化为设备参数、区域口味差异适配复杂、多门店设备同步效率低等挑战,本任务将系统拆解智能菜谱的三大创建模式,从成熟配方的标准化导入到本地口味的设备录制优化,再到新品研发的草稿验证流程,构建从经验传承到数据驱动的菜谱设计体系。

### 知识精讲

#### 一、智能菜谱的概念

智能菜谱是基于智能烹饪设备与云端平台,将传统烹饪经验转化为可量化、可复现数据的标准化程序。它通过预设原料与调料配比、火候曲线、操作步骤等参数,实现精准烹饪,有效解决传统厨房依赖厨师经验、出品不稳定、人力成本高等问题。其核心特点如下所示。

(1) 数据化:原料用量、加热温度、烹饪时长等参数精确到克、摄氏度、秒。
(2) 自动化:联动智能设备完成调料投放、火候调节、翻炒搅拌等操作。
(3) 标准化:同一菜谱可在不同设备上复现一致口味,适合连锁餐饮统一品控。

#### 二、智能菜谱的设计流程

(一) 智能菜谱创建方法

智能菜谱主要有三种创建模式,以满足不同场景需求。

**1. 模式一:成熟配方直接导入**

(1) 适用场景:已验证成熟的"招牌菜",如鱼香肉丝、麻婆豆腐。
(2) 操作路径:登录云端菜谱平台→菜谱管理→新建菜谱→选择设备型号(如智能炒菜机)。

(3)参数录入:按总部标准填写原料清单(如五花肉 200 g、青椒 150 g)、调料配比(如豆瓣酱 15 g、酱油 5 mL)、火候分段(如 220 ℃→160 ℃)。

(4)验证发布:提交至总部审核,通过后一键分发至全国门店设备。

各门店通过使用 APP,可以直接导入成熟配方。

**2. 模式二:设备录制＋参数优化**

(1)适用场景:不同菜系在不同区域的运用,适合本地化改良菜品。

(2)设备校准:以创建改良版宫保鸡丁菜谱为例。检查智能炒菜机调料罐中调料克数(如花生油,误差＜1 g),确保联网(界面显示网络角标)。

(3)手动录制:点击设备端"录制烹饪"→按本地口味炒制"改良版宫保鸡丁"(如增加花生量 20 g)→手动投料时点击"占位标记"记录步骤。

(4)数据校准:录制完成后,在云端 APP 调整参数(如翻炒时间从 2 min 延长至 2.5 min)→命名为"宫保鸡丁·北方版"→同步至区域门店设备。

**3. 模式三:草稿设计＋多轮验证**

(1)适用场景:全新菜品研发。

(2)草稿创建:以创建低温慢煮三文鱼菜谱为例。在商家后台"创作菜谱"模块,预设"低温慢煮三文鱼"参数(温度 60 ℃,时间 20 min)→生成模拟烹饪报告。

(3)设备测试:使用低温慢煮机执行草稿程序→检测肉质嫩度(使用探针式肉质嫩度仪)→调整时间至 25 min。

(4)云端优化:根据测试数据更新菜谱→标记"已验证"→推送至试点门店试用。

(5)跨部门协作:厨师团队与技术团队联动,根据试销数据(如点击率、复购率)调整调味参数(如柠檬汁用量加 5 mL)。

(二)菜谱录制及编辑

菜谱录制,是将用户在真实烹饪场景下通过手动烹饪产生的操作行为数据,转换为菜谱的过程,目的是方便用户提高菜谱创作的效率和菜谱的还原度。以智能炒菜机菜谱录制及编辑为例,具体操作如下。

(1)校准设备的调料,确保调料克数精准(图 9-1-1)。

图 9-1-1　校准设备的调料

(2)确保设备在联网的情况下,点击进入"菜谱录制"界面(图 9-1-2)。

(3)开始录制后根据菜谱烹饪需求设置功率并按需投料(图 9-1-3)。

(4)烹饪过程中手动投入原料/调料时点击"占位标记"记录手动投放步骤(图 9-1-4)。

(5)菜谱录制完成后,打开云端 APP 对菜谱进行命名与数据校准,再进行保存,即可在设备中同步刷新菜谱(图 9-1-5)。

项目九　基于智能烹饪的菜谱设计

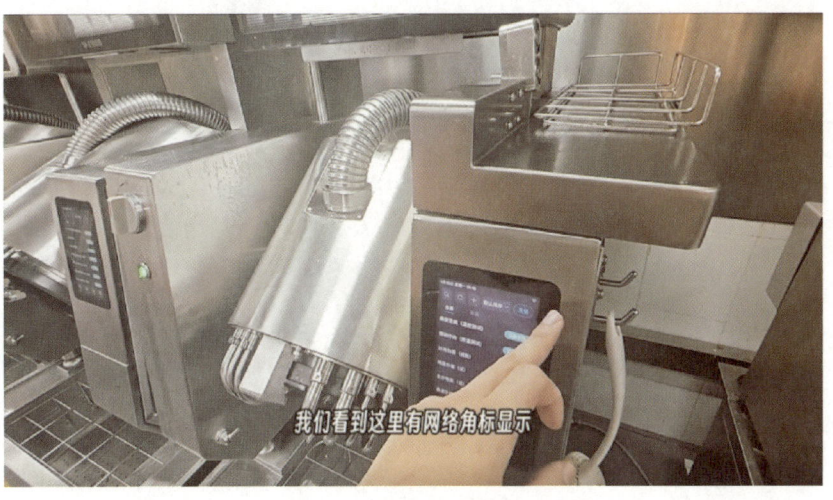

图 9-1-2　菜谱录制界面

图 9-1-3　设置功率并按需投料

图 9-1-4　占位标记

图 9-1-5　完成菜谱录制

## 任务二　智能菜谱设计的重难点

扫码看视频

### 任务目标

1. 识别智能菜谱设计中的参数标准化、多设备协同等核心难点。
2. 了解地域口味适配、数据安全与版权保护等问题的解决方案。
3. 了解火候模拟、风味预测等关键技术。

### 任务导入

　　本任务将深入剖析智能菜谱设计中的参数标准化难题、多设备协同挑战、地域口味适配及数据安全与版权保护等核心难点,通过技术原理与解决方案的结合,了解智能菜谱设计的关键点。

## 知识精讲

### 一、参数标准化难题

1. **问题表现** 传统菜谱中的"中火翻炒"等无法直接转化为设备参数。
2. **解决体系** 建立"经验-数据"映射库,如表 9-2-1 所示。
3. **案例** 青椒肉丝的"爆炒"需组合参数:220 ℃热锅+120 次/分翻炒+16 kW 功率收汁。

表 9-2-1 映射库

| 传统描述 | 数字化参数 | 误差控制 |
| --- | --- | --- |
| 中火 | 180 ℃±10 ℃ | ±5 ℃ |
| 少许盐 | 3 g±0.5 g | ±0.3 g |

### 二、多设备协同挑战

1. **问题场景** 如蒸烤箱与炒菜机时序冲突(如蒸制时间过长导致炒菜过熟)。
2. **解决方案** 设计跨设备时序表,如表 9-2-2 所示。

表 9-2-2 跨设备时序表

| 设　　备 | 启 动 时 间 | 任　　务 |
| --- | --- | --- |
| 原料净化机 | 10 min | 超声波清洗鲈鱼 |
| 智能蒸烤箱 | 15 min | 蒸汽预热与蒸制鲈鱼 |
| 智能炒菜机 | 3 min | 炒制配菜 |

### 三、地域口味适配

1. **构建地域口味数据库** 如北方市场自动减少 20%辣椒用量,长三角地区增加 10%糖用量。
2. **动态学习** 根据顾客点评(如太麻),AI 自动调整调料(如花椒)投放量(误差不超过 1 g)。

### 四、数据安全与版权保护

1. **云端加密** 菜谱文件采用分段加密,设备端仅解密当前任务参数。
2. **权限管理** 设置总部研发→区域运营→门店三级审批流程。

### 五、关键技术突破

1. **火候模拟技术** 通过 PID 算法结合红外热成像,复现传统爆炒的 240 ℃瞬时高温,温差控制在 3 ℃以内。
2. **风味预测模型** 基于 10 万次以上烹饪数据训练,可预测调料投放顺序对风味的影响(如先放醋提香率提升 30%)。

扫码看视频

## 任务三　智能菜谱自主设计案例

### 任务目标

1. 掌握炒菜类、蒸菜类、炖菜类、烘焙类四类典型菜品的智能菜谱设计方法。
2. 理解从参数设定到跨设备协同的全流程设计逻辑。
3. 能基于案例数据进行菜谱优化与迭代。

### 任务导入

本任务通过炒菜类、蒸菜类、炖菜类、烘焙类四类典型菜品的设计案例,展示从原料特性分析、火候曲线建模到跨设备协同流程的全链条设计逻辑,为从业者提供从创意构思到落地执行的完整参考。

### 知识精讲

（一）炒菜类：青椒肉丝

**1. 目标**　复现"锅气十足、肉丝嫩滑"的传统口感,适配智能炒菜机(图 9-3-1)。

**2. 关键参数**

（1）热锅温度：220 ℃（设备自动预热至设定值）。

（2）投料顺序：油 30 g→肉丝（淀粉 10 g＋料酒 5 mL 腌制）→青椒段,间隔 15 s。

（3）翻炒模式：翻炒 2.5 min,模拟颠锅。

（4）收汁功率：最后 60 s 提升功率收汁。

（5）验菜阶段：检查肉片熟度（无血丝）、辣椒脆度（断生不软烂）、调味咸淡（微辣咸香）。

（二）蒸菜类：清蒸鲈鱼

**1. 目标**　精准控制蒸制时间与湿度,避免肉质老柴(图 9-3-2)。

**2. 关键参数**

（1）鱼身处理：划刀深度 0.5 cm,盐 5 g 腌制 10 min。

（2）蒸制程序：智能蒸烤箱"蒸鱼模式"（100 ℃ 蒸汽预热 5 min→蒸制 8 min→虚蒸 2 min）。

（3）湿度监测：设备内置传感器,当鱼体中心相对湿度＜75% 时自动延长虚蒸时间。

（4）跨设备协同：原料净化机提前 10 min 完成鲈鱼清洗（超声波＋羟基水触媒）,联动触发蒸烤箱预热。

（三）炖菜类：番茄牛腩

**1. 目标**　通过低温慢煮提升肉质嫩度,适配智能炖锅(图 9-3-3)。

**2. 关键参数**

（1）牛腩预处理：冷水下锅焯水（设备自动控温 70 ℃,持续 5 min 去血沫）。

（2）慢煮程序：智能炖锅"低压慢炖"档（温度 95 ℃,压力 0.8 kPa,时长 90 min）。

图 9-3-1　青椒肉丝

图 9-3-2　清蒸鲈鱼

(3) 调味逻辑：分阶段投料（番茄炒出沙后加入牛腩，最后 20 min 加盐 3 g）。

(4) 数据应用：系统记录每锅牛腩的"嫩度值"（通过压力传感器反馈），自动优化下次炖制时间。

（四）烘焙类：戚风蛋糕

**1. 目标**　多设备协同实现"零塌陷、口感绵密"（图 9-3-4）。

图 9-3-3　番茄牛腩

图 9-3-4　戚风蛋糕

**2. 关键参数**

(1) 智能和面机：低速搅拌 2 min（转速 50 r/min）→高速打发 4 min（转速 150 r/min），面团温度控制在 28 ℃±2 ℃。

(2) 智能烤箱："烘焙模式"（150 ℃烤 30 min→180 ℃烤 10 min），通过顶部红外传感器监测蛋糕上色度（RGB 值达标时自动关火）。

扫码看视频

## 任务四　智能菜谱实操设计

### 任务目标

1. 应用AI大模型和提示词,生成一份详细的鱼香肉丝菜谱。
2. 将菜谱转化为智能设备可执行的参数化格式。
3. 核对修订菜谱,并填写参数化模板。

### 任务导入

智能菜谱的设计与生成,可以借助AI大模型强大的语言理解和生成能力。通过精心设计的提示词,可以引导AI大模型完成从创意构思到初步参数设定的任务。首先,利用AI大模型技术生成一个初步的鱼香肉丝菜谱作为基础,这通常通过向AI大模型提供包含具体要求的提示词来实现。其次,将这个基础菜谱转化为可在智能烹饪设备上执行的参数化菜谱,这涉及将模糊的烹饪指令(如大火快炒)转化为精确的设备参数,如初始热锅温度、搅拌转速、时间间隔等。整个过程旨在实现菜品的标准化出品,让家庭烹饪更加便捷和精准。

 知识精讲

#### 一、第一步:生成初步的鱼香肉丝菜谱

通过向AI大模型提供包含具体要求的提示词,利用AI大模型生成一个初步的鱼香肉丝菜谱。

**1. 提示词**　请生成一份非常详细、适合家庭制作(1人份)的"鱼香肉丝"中式菜谱。

**2. 具体要求**

(1)原料清单:清晰列出所有主料(如猪肉、木耳、笋丝等)和辅料(如葱、姜、蒜、泡椒等)的具体名称和用量(例如,猪肉100 g、干木耳10 g、干笋20 g等)。

(2)调料清单:清晰列出所有调料(如盐、糖、醋、酱油、料酒、淀粉等)的具体名称和用量,特别是鱼香汁的配方(糖、醋、酱油、盐、料酒、淀粉、水等的比例或具体克数)。

(3)制作步骤:详细描述准备工作(如肉切丝、木耳泡发、笋丝处理、鱼香汁调制)和烹饪过程(如滑炒肉丝、爆香辅料、加入主料、翻炒、勾芡等)。

AI大模型会根据此提示词,生成一份鱼香肉丝菜谱,这份菜谱将作为后续参数化设计的起点和参考。

#### 二、第二步:智能菜谱参数化设计

将第一步AI大模型生成的鱼香肉丝菜谱转化为可在智能烹饪设备上执行的参数化菜谱。这涉及将模糊的烹饪指令转化为精确的设备参数。

**1. 修改提示词**　修改后的提示词如下所示。

> 请生成一份非常详细、适合家庭制作(1人份)的"鱼香肉丝"中式菜谱。该菜谱是能在智能烹饪设备上执行的参数化菜谱。请确保每项内容清晰、具体,并尽可能量化。要求如下。
>
> 1. 基本信息　菜谱名称,菜谱简介。
> 2. 原料信息　列出所有主料(如猪肉、木耳、笋丝等)和辅料(如葱、姜、蒜、泡椒等)的具体名称和用量(例如,猪肉100 g、干木耳10 g、干笋20 g等)。
> 3. 调料信息　列出所有调料(如盐、糖、醋、酱油、料酒、淀粉等)的具体名称和用量,特别是鱼香汁的配方(糖、醋、酱油、盐、料酒、淀粉、水等的比例或具体克数)。
> 4. 原料预处理　详细描述准备工作(如肉切丝、木耳泡发、笋丝处理、鱼香汁调制)。
> 5. 烹制过程
> (1) 初始热锅温度:记录开始烹饪时锅具需要达到的初始温度。
> (2) 详细且精确地描述烹饪流程(如滑炒肉丝、爆香辅料、加入主料、翻炒、勾芡等),将每个步骤拆解为以下可量化的项目:
> ①"投料":记录该步骤需加入的主料或调料。需明确投料类型(如油料、固体调料、液体调料、水淀粉、水)以及投菜操作(如使用油料盒或指定锅位等)。
> ②"翻炒":指明是否需要翻炒或搅拌,并给出搅拌参数(如搅拌转速、搅拌方向)。
> ③"时间间隔":指明该步骤持续的时间长度。
> 6. 验菜标准　记录这道菜完成后的质量标准或验收标准,例如口感、色泽、香气、质地等要求。

**2. AI生成的菜谱**　AI生成的菜谱如下所示。

> 1. 基本信息
> 菜谱名称:一人份鱼香肉丝。
> 菜谱简介:鱼香肉丝是一道经典川菜,其以咸、甜、酸、辣、鲜、香、嫩多种味道交织,口感丰富而闻名。这道菜谱专为家庭单人份设计,并适配智能烹饪设备,将传统烹饪步骤转化为精确的参数,让您轻松复刻餐厅级别的美味,享受便捷烹饪的乐趣。
> 2. 原料信息
> 主料:
> 猪里脊肉:100 g。
> 干木耳:5 g。
> 干笋干(或玉兰片):10 g。
> 水发香菇(可选):5 g。
> 辅料:
> 葱:10 g。
> 姜:5 g。
> 蒜:5 g。
> 泡椒(或剁椒酱):10 g。
> 3. 调料信息
> 腌肉料:
> 料酒:5 mL。

生抽:5 mL。

淀粉:5 g。

食用油:5 mL(锁住水分)。

鱼香汁(关键配方):

白糖:10 g。

香醋(或陈醋):15 mL。

生抽:10 mL。

老抽:2 mL(用于上色)。

盐:1 g(根据口味调整)。

料酒:10 mL。

淀粉:5 g。

清水:30 mL。

其他调料:

食用油:15 mL(用于滑炒和爆香)。

4. 原料预处理

猪肉处理:

将猪里脊肉洗净,逆着纹理切成约 0.2 cm 粗的肉丝。

将切好的肉丝放入碗中,加入"腌肉料"(料酒 5 mL、生抽 5 mL、淀粉 5 g),用手抓匀,确保每根肉丝都裹上浆料。最后淋入 5 mL 食用油,抓匀后静置 10 min。

木耳处理:

将干木耳用温水浸泡至少 20 min,至完全泡发、变软。

洗净后,撕成与肉丝大小相近的细丝。

笋干处理:

将干笋干用温水浸泡至少 2 h(或根据干笋干说明处理),至变软。

洗净后,切成与肉丝大小相近的细丝。

如果使用新鲜竹笋,则直接去皮切丝。

香菇处理(可选):

如果使用干香菇,用温水泡发约 30 min,洗净后去蒂,切成细丝。

如果使用新鲜香菇,洗净后直接切成细丝。

辅料处理:

葱洗净,切成葱花(一部分用于爆香,另一部分用于点缀)。

姜去皮,切成细末。

蒜去皮,切成细末。

泡椒剁碎,或使用剁椒酱。

鱼香汁调制:

在一个小碗中,将鱼香汁的所有调料混合:白糖 10 g、香醋(或陈醋)15 mL、生抽 10 mL、老抽 2 mL、盐 1 g、料酒 10 mL、淀粉 5 g、清水 30 mL。

用小勺或筷子充分搅拌均匀,确保糖和盐完全溶解,淀粉没有结块,成为一碗均匀的鱼香汁备用。

5. 烹制过程

初始热锅温度:180 ℃。

步骤1:滑炒肉丝。

投料:

类型:油料。

名称:食用油。

用量:5 mL。

投菜操作:油料盒。

翻炒:

需要翻炒:是。

搅拌参数:中速搅拌(约150 r/min),方向:顺时针。

时间间隔:等待油温达到180 ℃(约1 min),然后保持温度。

投料:

类型:固体调料(预处理)。

名称:腌制好的肉丝。

用量:约75%的肉丝(留少量最后补足)。

投菜操作:锅位(沿锅边快速倒入)。

翻炒:

需要翻炒:是。

搅拌参数:快速搅拌(约250 r/min),方向:顺时针。

时间间隔:30 s。观察肉丝变色,约八成熟时,将肉丝盛出备用。

步骤2:爆香辅料。

投料:

类型:油料。

名称:食用油。

用量:10 mL。

投菜操作:油料盒(补充油量)。

翻炒:

需要翻炒:是。

搅拌参数:中速搅拌(约150 r/min),方向:顺时针。

时间间隔:等待油温再次达到180 ℃(约1 min)。

投料:

类型:固体调料。

名称:葱花、姜末、蒜末、泡椒碎。

用量:约75%的葱花,全部姜末、蒜末、泡椒碎。

投菜操作:锅位。

翻炒:

需要翻炒:是。

搅拌参数:中速搅拌(约150 r/min),方向:顺时针。

时间间隔:30 s。闻到浓郁香味即可。

步骤3:翻炒主料。

投料:

类型:固体调料(预处理)。

名称:木耳丝、笋丝、香菇丝(可选)。

用量:全部。

投菜操作:锅位。

翻炒:

需要翻炒:是。

搅拌参数:快速搅拌(约 250 r/min),方向:顺时针。

时间间隔:60 s。使蔬菜断生,但仍保持脆爽口感。

投料:

类型:固体调料(预处理)。

名称:之前滑炒好的肉丝。

用量:全部。

投菜操作:锅位。

翻炒:

需要翻炒:是。

搅拌参数:快速搅拌(约 250 r/min),方向:顺时针。

时间间隔:15 s。混合均匀。

步骤 4:淋入鱼香汁与勾芡。

投料:

类型:液体调料。

名称:调制好的鱼香汁。

用量:全部。

投菜操作:液体调料盒(或用精确量杯倒入锅位)。

翻炒:

需要翻炒:是。

搅拌参数:快速搅拌(约 250 r/min),方向:顺时针。

时间间隔:30 s。让汁液均匀裹在所有原料上,并稍微收汁。

(可选)投料:

类型:水淀粉。

名称:少量水淀粉(1 g 淀粉+2 mL 水调匀)。

用量:根据实际情况判断是否需要。

投菜操作:液体调料盒(或锅位)。

翻炒:

需要翻炒:是。

搅拌参数:快速搅拌(约 250 r/min),方向:顺时针。

时间间隔:如果勾芡,持续搅拌约 10 s,至汤汁浓稠即可。

步骤 5:出锅。

投料:

类型:固体调料。

名称:剩余的葱花。

用量:约 25%的葱花。

投菜操作:锅位。

翻炒：

需要翻炒：是。

搅拌参数：中速搅拌（约 150 r/min），方向：顺时针。

时间间隔：5 s。混合均匀后即可停止烹饪，准备出锅。

6. 验菜标准

色泽：红亮诱人，肉丝和蔬菜被酱汁均匀包裹，老抽上色适中，不过于深黑。

香气：具有浓郁的鱼香复合味，即泡椒的辣香、葱姜蒜的清香、肉的肉香交织，但不刺鼻。

口感：

肉丝：滑嫩不柴，有嚼劲但不硬。

蔬菜：木耳、笋丝、香菇丝（如有）爽脆可口，不过分软烂。

整体：咸、甜、酸、辣、鲜、香平衡，味道丰富而不单一，料汁浓稠适中，能挂在原料上，但不会过于黏腻。

质地：原料切工均匀，大小适中，便于入口。

温度：出锅时热气腾腾，适合立即食用。

### 三、第三步：将菜谱转化为智能设备可执行的参数化格式

在上面 AI 大模型生成的菜谱基础上，结合实际智能设备对菜谱的格式要求，进行补充和优化，以下是一份可供参考的参数化菜谱的模板，见表 9-4-1。

表 9-4-1　智能菜谱实操设计清单

| 菜谱名称 | | | |
|---|---|---|---|
| 菜谱简介 | | | |
| 主辅料 | | | |
| 调料 | | | |
| 设计模拟 | 原料预处理 | 步骤 1 | |
| | | 步骤 2 | |
| | | 步骤 3 | |
| | | 步骤 4 | |

续表

| | | | | | 投料 | | | | | 翻炒 | | | |
|---|---|---|---|---|---|---|---|---|---|---|---|---|---|
| 设计模拟 | 烹制 | 初始热锅温度 | | | | | | | | | | | |
| | | 烹饪步骤 | 步骤序号 | 油料 | 固体调料 | 液体调料 | 水淀粉 | 水 | 投菜操作 | 锅位 | 搅拌转速 | 搅拌方向 | 时间间隔 |
| | | | 步骤1 | | | | | | | | | | |
| | | | 步骤2 | | | | | | | | | | |
| | | | 步骤3 | | | | | | | | | | |
| | | | 步骤4 | | | | | | | | | | |
| | | | 步骤5 | | | | | | | | | | |
| | | | 步骤6 | | | | | | | | | | |
| | 验菜标准 | | | | | | | | | | | | |
| 录制菜谱实操记录 | 步骤1 | | | | | | | | | | | | |
| | 步骤2 | | | | | | | | | | | | |
| | 步骤3 | | | | | | | | | | | | |
| | 步骤4 | | | | | | | | | | | | |
| | 步骤5 | | | | | | | | | | | | |
| | 步骤6 | | | | | | | | | | | | |
| 验菜结论 | | | | | | | | | | | | | |
| 实操总结 | | | | | | | | | | | | | |
| 调试方案 | | | | | | | | | | | | | |
| 二次录制菜谱总结 | | | | | | | | | | | | | |

在线答题

# 项目十

# 烹饪智能展望

## 任务一　认知 AI 烹饪大模型

扫码看课件

扫码看视频

### 任务目标

1. 采集和处理海量烹饪专业数据,应用数据训练和构建 AI 烹饪大模型。
2. 了解 AI 烹饪大模型的应用架构及其各层级的功能,认识 AI 烹饪大模型的未来发展趋势和应用前景,思考 AI 烹饪大模型对烹饪行业及个人职业发展的潜在影响。

### 任务导入

在烹饪加工领域,海量的菜谱、原料、烹饪技法、设备、用户行为及营养健康数据蕴含着丰富的烹饪知识和经验。如何有效地利用这些数据,提升烹饪的效率和质量,成为烹饪领域发展的一个重要方向。AI 技术的飞速发展,特别是大型语言模型的出现,为我们提供了新的解决方案。通过构建基于海量烹饪专业数据的"烹饪大模型",可以让 AI 学习到烹饪的精髓和规律,从而为烹饪行业带来革命性的变化。本任务将带领大家深入探索如何构建这样的烹饪大模型,并展望其在烹饪领域的应用前景。

### 知识精讲

随着 AI 技术的飞速发展,烹饪大模型作为 AI 技术在餐饮企业的创新应用,正逐渐改变着传统烹饪的方式和方法。AI 烹饪大模型通过深度学习、物联网、传感器和 AI 技术,构建了一个从用户需求到硬件设备协同工作的完整生态系统。这种系统将用户层、应用层、应用技术层、模型层和支持层紧密结合,为用户提供高效、个性化的烹饪体验。

#### 一、数据驱动的 AI 烹饪大模型

构建 AI 烹饪大模型的基础是海量的烹饪专业数据。这些数据包括但不限于以下方面。

(1)菜谱数据:各地菜系的经典菜谱、创新菜谱、民间特色菜谱等,涵盖原料、步骤、火候、时间等详细信息。

(2)原料数据:原料的产地、上市季节、营养成分、口感特性、搭配禁忌等。

(3)烹饪技法数据:炒、爆、熘、炸、烹、煎、塌、贴、瓤、烧、焖、煨、焗、扒、烩、烤、熏、氽、炖、熬、煮、蒸、拔丝、蜜汁、拌、炝、腌、卤、酱、冻、酥、脆、烂等烹饪技法的详细描述和操作要点。

(4)设备数据:各种烹饪设备的参数、性能、适用场景等。

(5) 用户行为数据：用户的口味偏好、浏览记录、搜索记录、评论反馈等。

(6) 营养健康数据：食物的营养成分、热量、性味、适宜人群等。

基于这些数据，AI 烹饪大模型能够学习到烹饪的规律和精髓，并不断优化自身的算法和模型，从而提供更加智能化的服务。

### 二、AI 烹饪大模型的应用架构

AI 烹饪大模型的应用架构可以分为五个主要层次，从上至下依次为用户层、应用层、应用技术层、模型层和支持层。每个层次都有其特定的功能和作用，共同构成了 AI 烹饪大模型的完整体系，如图 10-1-1 所示。

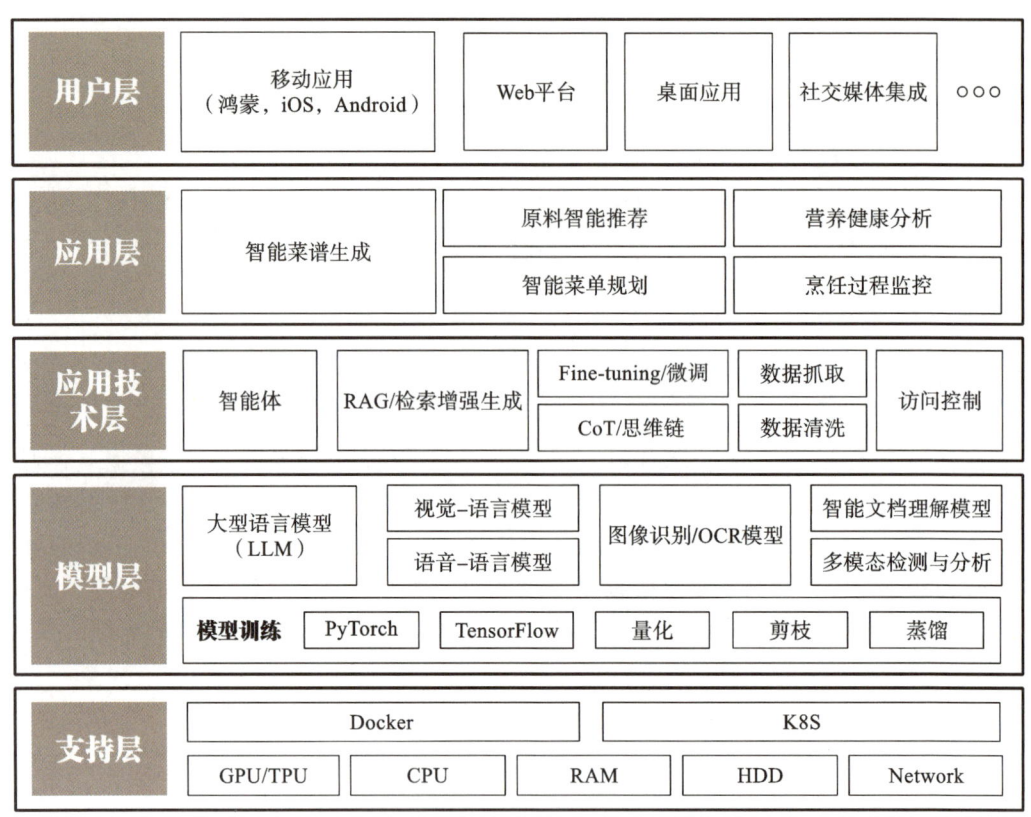

图 10-1-1 AI 烹饪大模型应用架构图

**1. 用户层**

(1) 移动应用：用户可以通过手机 APP 随时随地访问 AI 烹饪大模型，获取菜谱推荐、烹饪指导等服务。

(2) Web 平台：提供更全面的烹饪资源和更强大的功能，例如在线课程、烹饪社区等。

(3) 桌面应用：面向专业厨师和烹饪爱好者的桌面软件，提供更精细化的控制服务和更强大的功能。

(4) 社交媒体集成：用户可以将烹饪成果分享到社交媒体平台，与其他用户互动交流。

**2. 应用层**

(1) 智能菜谱生成：基于用户的需求和原料条件，自动生成个性化的菜谱。

(2) 原料智能推荐：根据用户的口味和营养需求，推荐合适的原料和搭配。

(3) 智能菜单规划：帮助餐厅和个人制订科学合理的菜单计划。

(4) 营养健康分析：分析菜谱的营养成分，提供健康饮食建议。

(5) 烹饪过程监控：通过传感器和摄像头，实时监控烹饪过程，提供智能化的操作指导。

## 3. 应用技术层

(1) 智能体：负责整个系统的协调和管理，确保各模块之间的有效沟通和数据交换。

(2) RAG/检索增强生成：通过检索相关资料来增强生成内容的质量和准确性。

(3) Fine-tuning/微调：对预训练模型进行针对性调整，以提高其在特定任务上的性能表现。

(4) CoT/思维链：模仿人类的思考过程，逐步推导出问题的解决方案。

(5) 数据抓取：收集和处理不同来源的数据，为模型的训练和学习提供基础支持。

(6) 数据清洗：去除噪声和不一致的数据项，提高数据的可靠性和可用性。

(7) 访问控制：设置权限限制，保护敏感信息和隐私安全不受侵犯。

## 4. 模型层

(1) 大型语言模型(LLM)：具备强大的自然语言处理能力，能够理解和生成复杂的文本内容。

(2) 视觉/语音-语言模型：处理视觉信号和音频信号，实现对多媒体信息的综合感知和理解。

(3) 图像识别/OCR模型：识别和分析图片中的物体特征和信息内容。

(4) 智能文档理解模型：提取和组织非结构化文本中的关键要素和价值点。

(5) 多模态检测与分析：整合多种传感器数据源，进行全面的环境监测和行为预测。

(6) 深度学习框架和优化算法（模型训练）：例如 PyTorch、TensorFlow、量化、剪枝、蒸馏等，用于高效地训练和优化模型。

## 5. 支持层

(1) 硬件设施：包括 GPU/TPU、CPU、RAM、HDD、Network 等计算资源和网络环境。

(2) 容器化和编排工具：例如 Docker、K8S，用于简化系统的部署和维护。

### 三、AI 烹饪大模型的未来展望

基于大数据构建的 AI 烹饪大模型，在未来有望取得以下几个方面的发展和突破。

(1) 更精准的烹饪知识理解：通过不断学习和分析海量的烹饪专业数据，AI 烹饪大模型将更加深入地理解烹饪的精髓和规律，能够生成更专业、更地道的菜谱。

(2) 更个性化的烹饪服务：基于对用户数据的深入分析，AI 烹饪大模型能够提供更加精准的个性化烹饪服务，满足不同用户的口味和需求。

(3) 更智能的烹饪设备协同：AI 烹饪大模型将与各种智能烹饪设备深度融合，实现更加自动化、智能化的烹饪流程。

(4) 更广泛的应用场景：AI 烹饪大模型将不仅仅应用于家庭厨房，还将广泛应用于餐厅、食品加工厂、烹饪教育等领域，推动整个餐饮行业的智能化升级。

AI 烹饪大模型将为烹饪加工带来革命性的变化，它将成为连接传统烹饪技艺与现代科技的桥梁，引领我们走向更加智能、高效、个性化的美食未来！

## 任务二　掌握烹饪智能化发展趋势

扫码看视频

### 任务目标

1. 了解 AI、大数据、物联网等在智能烹饪场景中的应用。

2. 了解智能烹饪的未来发展趋势，树立将传统烹饪技艺与智能烹饪技术相结合的意识，以适应未来行业发展需求。

智能烹饪基础

## 任务导入

烹饪是一门古老而充满魅力的技艺,但它的未来正随着科技的发展而焕发出新的光彩。想象一下,未来的厨房不再是油烟四溢的传统场景,也不再是传统意义上需要大量体力劳动和经验积累的地方,而是由智能烹饪主导的"未来厨房",它们能自动处理原料、精确控制火候、定制个性化膳食计划等。未来的厨房空间正在从传统烹饪场所蜕变为健康膳食的前沿阵地。智能烹饪开启了一场以健康管理为核心的智能升级,是科技、环保与人文关怀交融的生活空间。

随着"AI+烹饪"领域快速发展,AI正在深刻地改变着烹饪的每一个环节,这是一场关于效率、精准、个性化和创造力的革命。那么,作为未来的厨师,该如何去看待和准备,才能适应这股智能化浪潮,甚至引领新潮流呢?

## 知识精讲

随着北京冬奥会制餐机器人、上海虹桥社区AI食堂、武汉街头机器人餐厅、"AI大厨"等的流行,从"吃得饱"到"吃得好"再到"吃得健康",智能烹饪正成为一股新潮流,涌入人们的生活。

随着云计算、物联网、大数据、AI等在烹饪场景中的应用,智能烹饪正成为现代餐饮行业快速发展的新趋势,它正在改变我们对传统烹饪的认知,影响我们未来能做什么样的工作。

AI烹饪大模型等的深度渗透,给烹饪领域带来了前所未有的机遇和挑战。它不是要取代人类厨师,而是要赋能人类厨师,让烹饪变得更方便、更高效、更精准、更健康、更有创造力。作为未来的烹饪技术技能人才,我们不必畏惧变化,更应积极拥抱新变化。我们要在掌握扎实烹饪基本功的同时,勇于探索和学习新趋势,思考如何将智能化的力量融入我们的专业实践。未来属于那些既懂得传统手艺,又敢于拥抱新科技的人。作为未来的厨师,我们要用智慧和热情,绘制更加精彩、更加智能的美食未来!

### 一、科技在烹饪中的应用趋势

(1) 在传统烹饪领域,高质量的烹饪数据资源稀缺,应用物联网和大数据等可对相关烹饪设备进行烹饪专业数据采集。采用温度传感器、摄像头、风味传感器等高精度传感器,实时采集每一道菜品在烹饪过程中的温度、颜色和风味等多维度详尽数据,并进行大数据处理、存储和分析。

(2) 应用大数据和云计算等,将中国八大菜系和地方菜品、菜谱等进行数字化处理,实现"本地+云端"存储。通过原料、菜谱等数据,建立AI烹饪知识库。

(3) 基于海量原料数据、烹饪过程数据及菜谱、饮食需求等数据,对各种菜品进行模拟训练,标准化复刻大厨手艺,应用主流大模型技术(如DeepSeek、阿里巴巴Qwen、智谱GLM),建立AI烹饪大模型,构建一个从用户需求到硬件设备协同工作的完整生态系统。应用AI烹饪大模型,实现从自动生成菜谱、识别原料到完成菜品的整个烹饪过程。

(4) 智能烹饪不仅能模仿人类厨师的烹饪技艺,实现自动化烹饪,还能够根据用户的个性化需求和饮食偏好,提供私人厨师般的定制服务,每个人的口味都能被精准地模型化,使膳食计划更加智能。

### 二、智能烹饪的未来趋势

**1. 高度自动化的预处理区** 堆积如山的食材不再需要手动清洗、去皮、切配等,会有自动化的清洗流水线,配合机械臂和视觉识别系统,精确地完成对不同蔬菜、肉类、海鲜等原料的清洗、去皮、

去骨、切分等，这大大减轻了厨师繁重的工作量，也保证了原料处理的一致性。

**2. 数据驱动的精准控制**　厨房里的高精度传感器无处不在。它们能实时监测原料的库存量、新鲜度（比如通过气味传感器判断肉类是否变质），自动生成采购需求。烹饪过程中，系统能记录每道菜品制作的实际耗能、耗时、调料用量，帮助优化成本和效率。甚至，系统可以根据历史销售数据和消费者评价，智能推荐畅销菜品或提出需要改进的菜品。

**3. 智能烹饪工作站**　智能灶台、智能烤箱、智能蒸箱、智能炒菜机器人、智能冰箱等设备都已联网。当需要制作一道菜品时，可以通过语音指令生成菜谱，AI烹饪大模型会自动调节设备的火候、温度、时间，精确控制升温曲线等。例如，制作一份完美的荷包蛋，智能煎锅会根据要求（如嫩滑程度），自动控制煎制时间和温度，甚至能通过内置传感器监测温度，确保出品稳定如一。

**4. 个性化定制的中枢**　智能烹饪系统非常强大，它能存储海量消费者饮食数据。当一位消费者有特殊的饮食需求（如素食、无麸质、低糖、过敏原规避）或口味偏好时，系统可以即时生成或调整菜谱，指导厨师使用合适的原料和烹饪方法。比如，为一位对鸡蛋过敏的消费者制作蛋糕，系统会自动提供不含鸡蛋的替代配方。

**5. 人机协作的新常态**　未来的厨师不再仅仅是动手操作者，更是"烹饪工程师"和"创意总监"：需要理解智能烹饪设备的工作过程，会使用界面来创建、调整菜谱程序；需要监督机器的运行，处理机器无法应对的复杂或创意性任务，如开发全新的菜品、进行精细的摆盘艺术；需要与智能烹饪系统高效沟通，让它成为可靠的助手，而不是一个冰冷的工具。

**6. 极致效率与个性化体验**　在智慧餐厅，有机器人服务员为消费者送餐，或者引导消费者到空位，利用AR/VR技术提供菜单、原料溯源信息，进行智能推荐和智能点餐。系统可以根据就餐区域的实时人流，动态调整菜品供应量和推荐，根据消费者喜好调整桌边的氛围灯效、背景音乐等。

**7. 智能烹饪生态构建**　通过餐饮和烹饪上下游开放、共享和合作，基于AI烹饪大模型，建设"烹饪OS"，如同智能手机iOS、Android或鸿蒙，打造智能烹饪生态体系。

AI浪潮席卷全球，从"2025春晚"的扭秧歌机器人，到屡次上热搜的DeepSeek，AI已快速融入生活的方方面面，"AI＋烹饪"正成为餐饮的新质生产力。AI烹饪大模型和烹饪智能化带来了前所未有的机会和挑战，它是餐饮行业未来发展的大趋势，将推动餐饮业从劳动密集型向AI智能化转型。它不会让厨师失业，而是会让我们变得更强大，让烹饪做得更快、更好、更懂人、更有创意。作为未来的烹饪技术技能人才，我们不用害怕这些变化，反而要主动去了解、去学习、去拥抱变化。在学好烹饪基本功的同时，多看看这些新趋势，想想怎么将这些技术和工具等用到实际工作中。未来属于那些既能坚守传统匠心，又能拥抱科技创新的人。面向未来，用我们的智慧和热情，去创造一个更精彩、更智能、更健康的美食世界，塑造智能烹饪的未来！

在线答题

## 主要参考文献

[1] 张仁东,许磊.烹饪工艺学[M].重庆:重庆大学出版社,2020.
[2] 常福曾,艾翠林.中式菜肴制作[M].武汉:华中科技大学出版社,2024.
[3] 唐建华.中央厨房数智化运营管理[M].北京:机械工业出版社,2024.
[4] 杨爱民,范涛,李东文.中式烹调工艺[M].武汉:华中科技大学出版社,2020.
[5] 马开良.现代厨房管理[M].3版.北京:旅游教育出版社,2022.
[6] 严金明,石宝生,刘建鹏.厨政管理实务[M].武汉:华中科技大学出版社,2020.